海菱/著

你已经老了 ♥ 但我比从前更

他曾经很爱你

我们做的所有努力 ♥

其他人会爱上我 ♥ 我也会

每个说不想恋爱的人 ♥

爱一个人很难

感谢那些被我们暗恋过的人

这世界上任何东西都不是理所当然

爱好你自己 ♥ 就一定有人配

给自己一个归宿

傲慢与偏见人人都有 ♥ 关

人前欢笑人后凉薄 ♥ 这样

爱人是一种习惯 ♥

在没有学会

真正爱你的男人不会因性而爱 ♥ 爱

爱你

不代表他永远这么爱你

非是寻找到我们想要真心喜欢的人

意其他人

里都住着一个不可能的人

♥ 但请你一定要相信爱 相信直觉

他让我们变得更优秀

包括你所得到的爱情

得起你

♥ 无人可依时免半世流离

建是要做个让人尊重的人

的表演已经很久了

习惯却不一定爱人

存以前 ♥ 爱情是没有说服力的

你性的男人也不会因性而爱你

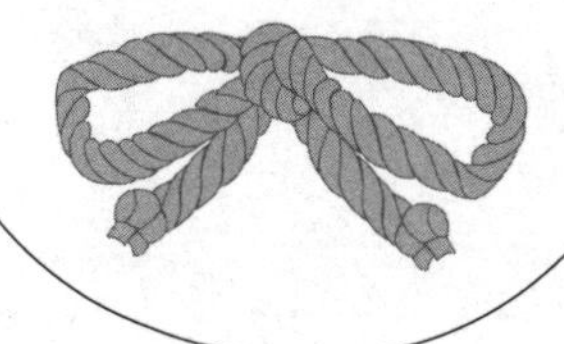

目录

序

其实，你也可以做最好的自己

一口气读完海菱的《宠爱》，不知不觉，眼里已有了泪。

说实话，我看过了太多情感类的书稿，已变得不再轻易感动，总觉得那些煽情的辞藻后面暗藏着不怀好意的虚妄。然而，海菱的文字，却真切地打动了我。

世上最动人的，就是坦诚。海菱的书稿就是明证。她以生命书写文字，因此，她的书稿呈现了惊人的真实。书的风格，如她本人。虽然瓶瓶罐罐的化妆品堆成小山一般高，却永远素面朝天；虽然帽子围巾衣裙在她的小屋里散散漫漫，她出门却永远是棉质的衣服配相宜的帽子，可爱如邻家小妹；虽然她的书橱里充斥着《权谋》《商界黑带九段》等教人成为“智慧达人”的经典图书，她却没有变得谨言慎行循规蹈矩，她还是她，那个我八年前在成都见到的女孩儿，姣好的外表下有着一颗率真而又玲珑的女儿心。而且，还有奇异之处——遇刚则为石，把你击打得体无完肤也不生怜悯；遇柔便成泉，把你温润得飘飘欲仙也犹嫌不足。

如果说，她有什么变化，那就是经过两年的北漂生活，尤其是在新媒体的历练，她的目光更为澄澈，她的笔触更有惊人的坦诚，当然，还有为坦诚开路的犀利。

展开《宠爱》，坦诚和犀利的文字俯拾即是。比如说到忠诚，她索性颠覆传统的“抓心论”，拂去两性之间的浮云：“所谓恋爱婚姻都无法躲过流年，那些什么杂志与书教女人怎样抓住男人的心与胃，教男人怎样去对付女人如何抓住女人的弱点，统统都是骗钱打发时间的，一谈起情感里的背叛与忠诚，只不过是彼此手中可以维系的砝码不够充分而已，留守的人不代表他是忠诚的，背叛的人不代表他不是忠诚的。”审读了无数女性的感情史，她更是力透纸背：“……不过绝大部分女人是被忠诚弄得心力交瘁”，最后，她道破忠诚的要义：“谈恋爱也好，结婚也好，都是需要给对方更多的空间与时间的，我们只要把给彼此的空间与时间给足了，再来讲忠诚也不迟，而不是一开始就对对方信誓旦旦地说我要忠诚于你你要忠诚于我云云。”

再比如说到爱情，更是直击爱情残酷的一面：“在现实社会说爱情，原本是件很可笑的事情。爱情之所以成为爱情，是因为它可以成为等价交换的交易，爱情之所以称得上是爱情，是因为在爱情的背后有附加值。当我们一无所有的时候，仅凭一腔爱火与热血，看着别人的附加值给自己寻求稳定的臂膀，到最后我们会输得很惨，因为拥有附加值的人必然有他过人之处，有过人之处的人是不会仅仅看一个人的青春热血外表以及忍辱负重的，也许他在更多的时候看的是他附加值背后这个人能够爱他多少分？”

也许她在谈到婚姻与爱情时观念难免过激，比如她说：“当代婚姻与爱情没有任何关系，有的是‘匹配值’的交易以及等价交换，条件好的一方自然有资格挑选条件不好的一方，差的想获胜自然会迎合条件好的一方，因为我们虚荣，我们怕人看不起……”但读到这样的文字，却又令人不禁莞尔：“这年月敢于剩下的人都是敢于做自己，敢于不惧怕任何交易和条件去好好谈恋爱的人！”“女人在寻找自己该走什么样的路，找什么样的男人时，总会交一些学费的。睿智的女子，自己成了自己的高富帅。”

这些话语，几乎就是海菱自己的写照。这些年，笔者目睹了海菱的成长与蜕变，见证了她的欢欣与泪水。同无数青春韶华的女孩儿一样，海菱在事业上寻梦的同时，也在寻找自己生命中的另一半，她还是那么纯粹与认真，一旦发现对方爱情外衣下别样的私心，就不再给对方一丁点儿幻想，决绝地转身离开。于是，有一些女孩儿在万丈红尘中沉浮之时，美丽的海菱却蛰伏京城一隅，在灯下激扬文字。她的思想变得更为凌厉，她不惜剖析自己：“在我装着对什么都不在乎的外表之下，在我事事都喜欢逞强的自尊之下，在我希望别人为我付出更多的自私之下，在我总觉得自己还达不到一个高度怯于谈情感的自卑之下，我那颗冰冷的心依旧是柔软的，只不过我伪装得太好了，以至于让别人觉得我是个圣斗士有无穷的力量去战斗，其实我不过是个倔强的女子而已，太过骄傲总觉得别人应该如何如何，而自己呢？现在我终于知道难过是什么滋味了……”

她自我剖析坦诚深刻，她对时政的评析更是纵横捭阖，嬉笑怒骂酣畅淋漓，海菱敢说我们因为种种顾虑想说而不敢说的话。她的敢，是怀揣一颗正直之心，不顾可能袭来的枪林弹雨的无畏。海菱的新浪博客点击率早已破百万，她的微博每天都有原创和时评。读着她犀利的文字，经常有人问她：“这是你写的吗？”

“是的。有什么可怕的吗？”海菱回答。

是啊，有什么可怕的？海菱的词典里没有攀附、逢迎、投机、机谋这类欲望的字眼。所谓无欲则刚是也。海菱拥有的是善良、美丽、正直的心灵和聪慧的头脑，海菱成为她自己的白富美。

于是，海菱一不小心被许多人所喜欢。

我们有理由相信，一个深深懂得海菱并宠爱她的人会出现，他“能够制伏她的不安与怯弱，制伏她的恐惧与迷茫，制伏她所有的疑惑与猜测……”海菱因此心甘情愿为这个人改变，直到彼此都明白，今生的牵手是最大的幸福。

罗素说：“对爱情的渴望，对知识的追求，对人类苦难无可遏止的同情心，这三种简单而又强烈的感情足以支配我们一生。”愿海菱带上独有的坦诚和无限宠爱自己的心，沿着大哲学家指引的方向，一往无前地走下去，她的前面，必将是连绵不绝的精彩。

阚娟

《知音》资深执行副主编

第

一

章

宠爱爱情，你我奢侈爱的开始

也曾在晴空，遭遇过乱流起伏，

穿过人性忧苦，才懂得天真是包袱，却不想改变面目。

像女孩的女人有时会哭，受过伤却不怕再踏上旅途。

算计的世界里，走自己的路，也不愿入境随俗。

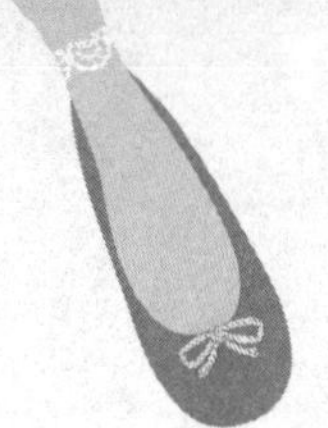

你已经老了，但我比从前更爱你

叶芝在《当你老了》里这样写道：

当你老了，白发苍苍，睡意蒙眬，
在炉前打盹，请取下这本诗篇，
慢慢吟诵，梦见你当年的双眼，
那柔美的光芒与清幽的晕影；
多少人曾爱过你的美丽，
爱过你欢乐而迷人的青春，
假意或者真情，
唯独一人爱你朝圣者的灵魂，
爱你衰老的脸上痛苦的皱纹；
当你佝偻着，在灼热的炉栅边，
你将轻轻诉说，带着一丝伤感：
逝去的爱，如今已步上高山，
在密密星群里埋藏着它的赧颜。

一如杜拉斯的《情人》，我已经老了，内心一片苍茫。这本看似略带自传却又超越生活任何一个片段的小说，时隔多年仍然备受热捧。究竟是什么样的情感让杜拉斯愿意用一生的时间去体会去沉淀，只为一部《情人》，又是什么样的魔力让我们如此眷恋杜拉斯的《情人》？

是《情人》开篇那段：我已经上了年纪，有一天，在一处公共场所的大厅里，有个男人朝我走过来。他在做了一番自我介绍之后对我说："我始终认识您。大家都说您年轻的时候很漂亮，而我是想告诉您，依我看来，您现在比年轻的时候更漂亮，您从前那张少女的面孔远不如今天这副被毁坏的容颜更使我喜欢。"

还有这段："战后多少个岁月过去了，从前的那个白人姑娘几经结婚、生育、结婚、写书。一天，那位昔日的中国情人带着妻子来到巴黎。他给她挂了个电话。是我。一听到这声音，她便立刻认出他来。他说：我只想听听你的声音。

“她说：是我，你好。他有点胆怯，他和从前一样感到害怕。他的声音突然颤动起来，而这一颤动，使她突然发现他那中国的口音。他说他知道她已经写过好多书，他是从她妈妈那里听来的，他曾经在西贡看见过她的妈妈。然后他对她说出心里话，他说他和从前一样，仍然爱着她，说他永远无法扯断对她的爱，他将至死爱着她。”

就这样在瞬间的开头与情真意切的结尾中，他们成了彼此永久的此情可待。这也许就是人生吧。在我们每个人的生命中，都有终生难忘的情人，不过只是一两个，那些声称有多个情人的人，显然不属此列。

也许彼此间连一句话也没有说过，就那么一个眼神，那么几次偶遇，对方在某个时段成为你终生的想象，深夜里的情感寄托，那种感觉是无法用言语来形容的。

可是又有多少情人会在美人迟暮的时候告诉你：你已经老了，可是我比从前更爱你。这种爱洗净铅华，洗净了浮躁与世

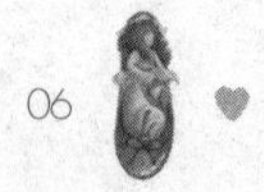

俗，洗净了人生的波折与坎坷。

诚如在多年以后的某一天，有一个人停驻在你身旁，或者声音急促且紧张地挂个电话对你说：其实我一直爱着你。这样的幸福，这样的场景，这样的静默，足够打动这么渴望爱情却害怕爱情的我们。

是的，我已经老了。也许我老的只是容颜而不是心态，也许我跨越的只是过往，而不是现在，一读《情人》备感沧桑。如果这一辈子有人可以在我老得不成样子的时候突然跑来看我，然后悄悄地对我说：你已经老了，可是我比从前更爱你，我想我会带着微笑与幸福离开。

他曾经很爱很爱你，不代表他永远这么爱你

一位作家曾说过这样一段话：“他曾经很爱很爱你，不代表他永远这么爱你。他曾经很需要你，不代表他没有你就不行。感情中上风的位置是他给的，有一天他不再那么爱你，你就成了下风，他不会发 E-mail 通知你。”言下之意，感情这东西压根是说不准的，今天好好的，说不定明天就成了仇敌，要求一个人对另一个人从一而终实在不够现实，也许连自己都无法保证，后天会不会遇上比昨天更好的人。

所谓恋爱婚姻都无法躲过流年，那些什么杂志与书教女人怎样抓住男人的心与胃，教男人怎样去对付女人如何抓住女人的弱点，统统都是骗钱打发时间的。谈起情感里的背叛与忠诚，只不过是彼此手中可以维系的砝码不够充分而已，留守的人不代表他是忠诚的，背叛的人不代表他不是忠诚的。

在这个花花世界要求一个人检点或者收敛自己的行为方式

是不现实的，不然为什么当今社会男女关系的矛盾达到了一种无法完善的地步，男人们总是骂女人现实势利而狡奸，女人们则总是骂男人没良心没道德缺乏责任感，这样子的男女较量有意思吗？

在这个世界上男人与女人终归谁也离不开谁，男人大可不必百口莫辩，女人实在无须装楚楚可怜，倘若这世界上的人都从一而终了，这个世界反而不好玩了，要一个人人为地去按常规办事总归是不现实的，因为我们每个人都有逆反心理，你越要求或者督促对方怎么去做对方越不会去做，如你越跟别人提爱情条件你越招人反感，虽然你会委屈地说你说的都是实话，可是又有谁会原谅你的坦白，过分的坦白等于迂腐，就像对情感过分的坚守与难以释怀一样，有必要这样做吗？非要弄得自己像个祥林嫂，招人讨厌。

阿加莎在小说里，曾借一个男人之口说：“女人一用力当贤妻良母，智力就退化了。”这话对少数男人也许适合，男人过于听话了，也就变得弱智了，不过绝大部分女人是被忠诚弄得心力交瘁。虽然我承认我也有缺点，不够体贴对方，不够细腻……但我的唯一优点就是忠诚，这些话听起来倒蛮让人欣慰的，但仔细想想就会觉得恐怖，对上帝忠诚我们还可以想象，对一个人完全忠诚，那实在是让人窒息。毕竟忠诚也是需要别人配合与肯定的，假如一方忠诚得不得了，一方放荡得不行，他的心理能够平衡吗？说不定会嫌忠诚是个累赘。

如果一个人的意识仅仅停留在爱情的表面，那是可悲的，所谓忠诚是建立在彼此尊重之上，而不是强求把自己的意志转移给对方，还反过来对对方说我对你如何忠诚，你怎么可以做对不起我之类的事。这是很搞笑的事，你对别人忠诚那是你的事，别人对你忠不忠是别人的事，与你的意愿无关，谈恋爱也好，结婚也好，都是需要给对方更多的空间与时间的，我们把给彼此的空间与时间给足了，再来讲忠诚也不迟，而不是一开始就对对方信誓旦旦地说我要忠诚于你你要忠诚于我云云。在成熟的两性关系中忠诚是有必要的，但不是必需的，如果仅仅停留在忠诚的表面那是可悲的，爱一个人是需要了解与沟通而不是限制与约束的，多问问对方需要什么，而不是一来就对对方说你必须得忠诚于我，只有这样才会有天长地久可言，如果非弄得鱼死网破，那样的忠诚不要也罢。所以忠诚是相对的，而不是绝对的，过度的忠诚会使人退步，而不是进步。

我们做的所有努力，无非是寻找到我们真心喜欢的人

这是爱情最好的时代，我们可以支配主宰自己的爱情，还可以勇敢地选择我们想要的爱情；这是爱情最坏的时代，我们选择太多，负荷太多，要得太多，而我们自己却在生活的现实与波折中，变得不再勇敢。

当下我们偏爱的更多是自己，相信得更多的依旧是我们自己的主观认知。甚至很多时候，在爱情来临之际，我们依旧怀疑别人是否真心，怀疑别人的动机和目的。我们总是怀疑别人爱我们的本质与初衷，渐渐地，我们在爱情面前就像一个“低能儿”。

我们越成长越对爱情持否定态度，越成长就越看重爱情中的得失，越成长越容易淡忘爱情的本质是因爱而生，而不是因为条件匹配而生。

寻找一份因为爱而爱的爱情太难了。也许爱情仅仅存在于童话里，即使是象牙塔中的爱情都变得不再纯粹，更不用说步

入社会以后，两个来自不同世界的年轻人，因为生活，现实，欲望、纠结、感觉、浪漫……说不清楚的原因碰在一起。

渐渐地，我们学会了怀念，学会了回忆，学会了淡然，学会了冷漠。我们总是怀念那白衣飘飘的年代，那情窦初开的男孩女孩；我们总是回忆那美好的往昔，回忆那青葱岁月里的淡淡感伤；我们总在寻找爱情时一副漫不经心的模样，似乎知道这一生中最美好的爱情时光，已经匆匆地溜走了；我们变得冷漠，经常伤害爱我们的人。

所以我们常说：这世界上没有爱情，这个世界有的仅仅是现实。这世界靠谱的男女太少，不靠谱的男女太多。所以我们经常说：生活总是充满着百转千回的喜剧色彩，现实起来容不下一滴悲伤的眼泪，但我们的生活依旧在继续。

尽管我们知道，生活在这个世界上，我们做的所有努力，无非是寻找到我们真心喜欢的人，从此与他笑傲江湖；然而我们更清楚地知道，生活在这个充满诱惑的世界，能够跟我们喜欢的人白头到老是多么奢侈的事情，这就好比我们不相信自己一定能够战胜困难走向成功一样，因为我们总是觉得社会的现实让我们变得不勇敢。

然而我们却忘记了一件事，这个世界再怎么现实，我们依旧是需要爱与被爱的，我们寻找的依旧是爱与被爱。虽然人生而孤独，但人依旧是群居生物，依旧是需要温暖的生物。

当我们怀疑爱情里面的种种居心叵测，种种说不清楚道不明白的不安的时候，其实我们是在否定我们自己。不管这个世界有多少“我好中意你，我好喜欢你……”的假话，说这些话的人心中依然是充满着期待的。

我们只有相信爱，相信别人跟我们说的是真话；我们只有在爱情里面不那么理性，不那么纠结于一段感情中的是是非非，我们才能够勇敢地去爱，才能够相信自己真的具备爱的能力。而这份能力就是相信爱情。相信我们即使在爱情中撞得头破血流，我们依旧期待下一段爱情会春暖花开。

只有学会相信爱情，我们才能够在爱情中收获幸福；只有学会相信自己、肯定自己，我们才能够相信，我们一定会在爱的大魔咒里，找到属于自己的雨后彩虹。

爱情，之所以成为爱情

还记得那一年，朱茵还和周星驰在一起，黄贯中还只是朱茵的邻居；还记得那一年，莫文蔚只是和周星驰闹闹绯闻，朱茵和周星驰依然相爱；还记得那一年，朱茵把周星驰捉奸在床，无论周星驰如何狡辩，最后朱茵都离他而去，转而投入了黄贯中的怀抱；还记得那一年以后，我们再也没看到过有关周星驰女友的任何绯闻，有得最多的是周星驰与众多女友的绯闻。

也就在那一年，刘嘉玲和梁朝伟相爱了，转而他们经历了很多那年那月，即使中间多出了《2046》的张曼玉，梁朝伟依旧是刘嘉玲的梁朝伟，再后来梁刘两人结婚了，即使他们相恋二十载才结婚，没有小孩，他们依然幸福地在一起。虽然很多人都觉得刘嘉玲不属于梁朝伟，梁朝伟是张曼玉的，但事实上梁朝伟只能是刘嘉玲的。如果梁朝伟和张曼玉在一起了，那是不食人间烟火的爱情，而和刘嘉玲在一起，那才是一种踏实安心只需要享受人生的爱情。更何况爱情这件事，又有多少谁配得起谁之说，说到最后除了彼此精神上的成长之外，就是相依为命了。

爱情有时候就像那年那月，真正能够修成正果的很少，更多的是我们擦也擦不干的眼泪，抹也抹不去的记忆。当一个人在那年那月把那个人彻底伤害以后，那个人在凌晨时分哭得肝肠寸断的时候，那个人也许这辈子都不会，再为让他伤心难过的人心碎了，人的眼泪是有时效性的，过了就不会再有。

人最大的悲哀不在于爱了多少人，或者对多少人爱无能；人最大的悲哀在于，明明如此相爱却又要彼此伤害。也许在我们每个人的生命里都装着一个人或是一个ID，或是一段记忆，或是一个永远不愿意抚平的伤口，长此以往，我们总渴望别人多爱我们一些，我们总渴望别人可以对我们爱得更长久一些，这样我们才能更加从容不迫地去接受爱，去承担爱。

而在现实社会说爱情，原本是奢侈的。爱情之所以成为爱情，是因为它可以成为等价交换的交易；爱情之所以称得上是爱情，是因为在爱情的背后有附加值。当我们一无所有的时候，仅凭一腔爱火与热血，看着别人的附加值给自己寻求稳定的臂膀，到最后我们会输得很惨，因为拥有附加值的人必然有其过人之处，有过人之处的人是不会仅仅看一个人的青春热血外表以及忍辱负重的，也许他在更多的时候看的是他的附加值背后这个人能够爱他多少分？

而那些自身无法缔造附加值的年轻人，选择草率地结婚生子养育后代忍辱负重的背后，是一笔青春与附加值的交易不是爱情。如果婚姻仅仅是在附加值上加点糖，它就无法成为完美的婚姻，因为婚姻的基础是经济地位决定发言权，而不是政治地位决定使用权。

爱情之所以无法缔造出婚姻，是因为爱情之于婚姻是糖果关系，而婚姻之于爱情是柴米油盐酱醋茶的关系。所以聪明如朱茵，知道爱人痛苦，最后便投入到爱自己的人的怀抱，并且朱茵也并没有亵渎黄贯中的爱，十几年的风风雨雨共同进退早已让他们成为不可分割的一对，年近四十的朱茵依然漂亮依然有自己的事业。同样，聪明如刘嘉玲，知道梁朝伟是万人迷捆绑不住，而她也无须去捆绑，自己乐得逍遥洒脱，歌照唱舞照跳，生意照做电影照拍，独立而自信，大有舍我其谁的姿态。

有时候女人在爱情面前所犯的傻，在婚姻面前所装的笨，仅仅在于她不想通过自身的努力去获取一份属于自己的生活，完善自己的人生，她想走捷径，在自己正应当开拓碧海蓝天的时候，找到一个金龟婿以为从此就可以过上幸福生活。然而指望靠金龟婿过上幸福生活，走到最后的女子不多，输得惨淡的女子却有的是。在这个婚姻爱情现实的做交易的社会，作为女人自己手上没钱没房没事业没存款，想空手在男人身上赚取财富走到最后注定会输得很惨。

当你看到太多家庭主妇歇斯底里地说："我为这家如何如何牺牲奉献"，男人却轻蔑地笑笑的眼神时，你就会发现她是多么可怜可悲而可笑。在男人眼里这些付出没有什么。当那些已婚妇女用得意的轻蔑的眼神看那些单身女性，假意或者真心规劝妹妹你快结婚的时候，你会发现她们除了羡慕嫉妒外，还有对单身自由的向往。

所以当我们想跟人谈情说爱时，我们应先问问我们心里到底想的是什么，除去对方的附加值我们又爱对方什么，然后我们再来看我们需要一个什么样的人与婚姻。当然我们的爱情与婚姻都需要建立在彼此的精神与经济完全独立的基础之上，都必须建立在对等的基础上，差距太多的婚姻注定是不会幸福的。

在当下，有很多婚姻与爱情没有任何关系，有的是“匹配值”的交易，以及等价交换，条件好的一方自然有资格挑剔条件不好的一方，差的想获胜自然会迎合条件好的一方，因为我们虚荣，我们怕人看不起。这年月敢于剩下的人都是敢于做自己、敢于不惧怕任何交易和条件去好好谈恋爱的人！

我还能否保持爱的模样?

年龄越大越缺乏炙热的情感，反而对爱情平添了一份现实的冷冰，在来来往往的人群里穿梭久了，久而久之就连自己都不清楚自己能否保持爱的模样，毫无顾忌地在没有玫瑰的日子里和那个说爱的人携手去看夕阳。

落日之美，突然让人感伤，小桥流水人家的空灵画卷，早已不合时宜，爱情对我来说，是如此奢侈，奢侈得我无法重拾爱的勇气，奢侈得让我怀疑这个世界似乎一直在伤害着我。

社会的浮躁与人心的距离，人与人之间那些说不清楚的暧昧、猜忌、怀疑、蔑视、不屑和防备，总让自己感到无所适从，感到很累很压抑。

有时候，会觉得自己不适合生活在这个世界，倔强的面孔里写满了不满与彷徨。

有时候，会觉得自己不知道怎么与人相处，热情的或者冷漠的对白，总可以在两者之间看到人心的距离。

有时候，会觉得自己应该离开这个世界，即使去天堂都可以感受到地狱中的眼泪与忧伤。

有时候，会觉得自己应该把自己藏起来什么人都不去理会，就那样一直把自己藏起来。

有时候，会觉得自己很坚强就像无敌金刚一样没人可以把自己击垮，可是更多的时候自己的脆弱与伤悲，只有自己才知道。

越长大越孤单，越长大越不安，更何况像我这种拒绝长大，一心想把自己藏起来的人。我的眼泪是吞到肚子里的，我的委屈是咽在喉咙里隐忍不发的，我对人是感到绝望与不信任的，所以我的爱情是深埋在地下的。

每当夜深人静的时候，我总在问自己是否还可以毫无保留地爱一个人，是否还可以毫无怨言地去为一个人付出，也许年龄越大越做不到，所以我的孤单只有自己懂，即使独居得一个人几近崩溃，也不愿意去看众人的狂欢。

人不是生而孤独，人是因为无法适应热闹而感到孤独。我越来越喜欢黑白之间所透过的天蓝，越来越喜欢蓝天下的绿地与草坪的芬芳，越来越泰然地去接受一些事情，越来越渴望面朝大海春暖花开。

有的人在还没有老的时候，她已经迟暮了；有的人在还没绽放的时候，她已经谢幕了。即使这个人看起来斗志昂扬，其实她的心早就老了，她厌倦了这个世界，也厌倦了这个世界里千奇百怪的人，就如每个人所追寻的原则与生活模式一样，谁都有自己无法触摸的伤痛与隐私，谁都有自己难以诉说的苦痛与苍白，何必在别人的伤口上撒盐呢？

我不知道自己能否对别人保持爱的模样。在一个路口，风声停在左边，右边是好看的草地与阳光碎碎的脚印，我在那里等你，你要过来，沿着路口的溪流，放下仓皇和不安，直到看见我，直到我们一起去看落日的余晖，直到你可以对我说认识你真好。

我们这辈子，不会只爱一个人

你还记得年幼时，你的第一次心动吗？那个叫雷宁的小朋友，那个叫野百合的小朋友，那个叫不出名的小朋友，你不知道他为何喜欢你，你为何喜欢他，总之这个小朋友成了你记忆中的一道风景。多年后，你依然会想起他，你会默默地在自己手心里黑板上写他的名字，写满不知道该说什么的话。也许那不是爱情，但是却给予了你无限的怀念。

当我们渐渐长大，长成青涩的样子，我们喜欢躲在阴影下看我们喜欢的人的样子，把他们想象得无限美好，美好得就像这个世界再也找不到这么好的人。

你总是偷偷地在走廊里，看你喜欢的人的样子，看你所迷恋的人的影子；你总是有意无意地拿着你喜欢的人的本子，抄写你喜欢的人喜欢的句子；也许你不知道爱情是什么，但你知道心动，时而欢喜时而忧伤。你会因他的一个眼神而欢喜一整天，也会因他的一句话而失眠一整夜。

后来，你听说他有喜欢的人了，你难过了好多天；

后来，你听说他恋爱了，你失眠了好多夜；

后来，你们终于失去了联系，你心生遗憾了好多年，你觉得今生再也遇不见这么好的他了，你觉得再也不会这么爱一个人了……

再后来，你读了大学，你爱上了某学院的帅哥，你成了某院系的班花，你成为谁谁谁的女朋友，你们在一起偷吃了亚当和夏娃，你觉得你们的爱会至死不渝。这时，你会发现：(你曾经心爱的姑娘，)你曾经暗恋的人，不再是你想象得那般美好。原来当初的惊艳不是你暗恋的他有多让人惊艳，而是你在心中把他神化了。

年少时的你觉得爱情是一辈子的事，可当你经历了恋爱经历了婚姻，你会明白，其实我们这辈子，不会只爱一个人。我们会爱很多很多人，只是或深或浅，或长或短。

年少时的暗恋总是伴着时光的渐渐冲刷，在旧貌换新颜中改变了彼此纯真的模样。也许我们都不清楚当初和我们暗恋的人儿，是因为什么原因开始和结束，让我们唯一感到欣慰的是：那时的天空很蓝，人很年轻很单纯，我们从没走到一起，心却曾经在一起过。

我们每个人都有一个难忘的十五六岁，那时的你和我，不过还是个对美好的世界充满幻想的孩子。我们还并不懂得如何去爱人，我们对人的爱恋还浮浅地停留在感觉上。所谓第一眼就对上的一见钟情的感觉，也许那是一种还没有看清楚的感觉。

当你自以为是地认为，暗恋就是你的生命时，在你暗恋的生命的旅程中，你会渐渐发现那个让你做梦的人，以及你对你暗恋的人，只不过是一场青春期的误会。有时候，就连你自己都不明白为何会喜欢一个人。

暗恋是不能骗人的，爱情更是如此。其实你之所以曾经暗恋过那个人，不过是你曾经以为他也暗恋过你的误会。

其他人会爱上我，我也会中意其他人

韩寒接受了南都娱乐周刊的专访，对于婚变传闻，韩寒表示：“我和我太太的感情非常坚固，但和其他姑娘也早已如同亲人。我甚至希望她们之间能够友好互助和平共处，就是这样。其他人会爱上我，我也许也会中意其他人，但没有人能改变我和我太太的感情。”

此专访一出，无数道德人士就出来批评，韩寒如何如何……韩寒再怎么说，也算屌丝中的高富帅，有才情，有魄力，还是赛车手。在很多姑娘眼中，韩寒就是神一般的男人，这种男人不仅仅是拿来膜拜的，也是拿来热爱的，更是拿来献身的。

韩寒有钱，是名人，对女友大方，即使结婚后仍有女孩子追也很正常。试问正常男人，你们躲得了女人的糖衣炮弹吗？韩寒即使不主动去勾三搭四，但别人要追求他，他也没办法。一个已婚男人女朋友多不一定是好事但也不一定是坏事，敢承认有女朋友有老婆的男人还算坏不到哪去。就怕某些男人老婆女人一个都不少，出门就在女人堆里还说自己单身。

还有好多姑娘，成天以睡了谁谁谁为荣，在她们眼中性和爱可以是一回事，也可以不是一回事。而站在男人的角度，又有多少男人不希望“家中红旗不倒，外面彩旗飘飘”。如果外面的和家里的都能够和平相处，大家围起来打一桌麻将，那是何等的相亲相爱。韩寒同志不过说了句实话，说了男人们心中的话。韩寒比那些既在外面乱搞，又将自己摆在道德制高点的男人好太多了。

所谓一个茶壶几个杯，这不是男权主义者一直宣扬与炫耀的吗？在很多已婚男人眼中，女朋友不仅仅是知己、情人，更是寻求不同欲望的窗口。这早就不是一夫一妻就能过到头的时代，这是一夫一妻可以各玩各的，各自经济独立，各自安好，临了还有个伴儿的时代。

当今为人妻却还被小三儿的女人，才是最可怜最可悲的。

替人生孩子，替人操心，自己还得经济独立，还得把自己养活好，时不时还得出去跟关系已千疮百孔的老公晒恩爱。可以说，当今做人的老婆本身就是一个欧巴桑的职业，在很多热衷跟已婚男谈恋爱的妹妹眼中，这属于恨嫁的姐姐们操心的事，妹妹能够帮姐姐做的事：哄姐姐的男人开心，帮姐姐的男人花钱，多多照顾姐姐的男人的心情，这又有何不可？

可惜没有永远年轻的妹妹，也没有永远绝望的姐姐。女人在寻找自己应该走什么样的路，找什么样的男人时，总会交一些学费的。睿智的女子，自己成了自己的高富帅，不睿智的女子，成了已婚男带出去炫耀自己搞到多少女人的金丝雀。

也许你会觉得奇怪，已婚男哪有这么大的魅力绑定得了家中的老婆，也 hold 得住外面的女人。这要从一个男人的魅力、实力、财力和行动力多方面的能力来考量。如果你一个男人啥都没有，对女人又不大方，又有哪个女人会主动扑到他怀里呢？

这是一个什么样的世界，或许很多人还没闹明白。某种层面上，这是一个动物世界，男女都在追求本能的无穷尽的欲望。这世界变化太快，很多人还不知道怎么出发，还没找到回头路的时候，就跟着他人的脚步在快马扬鞭。这样奔跑的速度，你指望一男一女相亲相爱是不现实的。

每个人的婚姻都有这样那样的插曲，只是每个人处理的方式不同。已婚男的女朋友可多可少，已婚男的老婆可有度量可无度量，这终究是他人的生活。我们每个人在这个社会上寻找的也不过是那个独一无二的自己，和那个独一无二的能够和自己过下去的人，能够让拥有不同思维方式的两个人共同过下去，需要太多的牵扯，爱情久而久之会变成亲情，亲情久而久之会变成骨肉相连的东西。女朋友久而久之会成为替代品，而糟糠之妻却无法替代，却又有无限替代的可能。

在此我们要议论的不是韩寒的人品如何，而是在这个物欲横流的社会，你选择和什么样的人共度一生，决定于你是什么品位和品质的人。算计的人，他身边那位也是算计的；能够拿捏人的，他身边那位也是拿捏人很准的；势利的人，他身边那位也是势利的。

已婚男跟你说他的婚姻如履薄冰是真的，他老婆对他不好也是真的，但是他老婆永远无法替代，因为在每个已婚男的背后，都有一个跟他相伴多年的老婆。他再怎么玩，也会回家的，特别是那种在一起很多年才结婚的夫妻。

当你爱上一个已婚男的时候，想想爱他什么，从他身上能够得到什么，自己付出什么，算清楚，再想想要不要做已婚男的女朋友吧。

每个说不想恋爱的人，心里都住着一个不可能的人

你知道吗，单身没有错，但是一直单身，就是你的不对了！

时常有姑娘、小伙子抱怨说：我长得又好，工作又好，收入又高，我为什么找不到男女朋友，你看那谁谁谁，失恋没多久就找到男女朋友啦；你看那谁谁谁，认识一个人没几天就结婚啦；你看那谁谁谁，居然在相亲网站，在微博，在陌陌、微信上都找到对象啦；你看那谁谁谁，参加个聚会、婚宴，也有朋友啦！

那你为何还找不到你生命中的另一半？

你会说：我宁缺毋滥，我心如止水，我习惯一个人的生活，我不喜欢社交，我讨厌征婚网站，我不喜欢陌陌与微信，那里骗子多玩一夜情的多，我不喜欢夜生活，不喜欢聚会，不喜欢跟陌生人接触，我不习惯刻意去寻找，我不是一个主动的人，

我热爱我的工作，我每天都很忙很忙，我圈子太小，没办法认识更多的人，我等着我父母亲戚介绍……

把林林总总的理由和借口归结起来，其实就是一句话：你不喜欢认识更多的人，你对这社会上的人充满恐惧，你怕认识人，你怕去面对感情，你怕很多很多不确定的情感因素！

正因为你畏惧情感，你曾经受过伤害，你才不愿意打开心去寻找，你才不愿意去相信新认识的人对你的真心，你才对任何人任何事都有防备心理，你才不愿意真实地去面对你渴求情感的内心世界，或者你并没想好找什么样的人，用什么样的方式去与人相处！

所以你在情感面前成了不自信的孩子，你需要情感，需要人陪，需要人安慰，但你又惧怕给你温暖的人来得太快，又走得太匆忙，所以你一直封闭你的情感世界，一直习惯性地等候不期而遇的缘分，以及那些所谓的转角与邂逅！甚至你隐约觉得，你那么优秀，担忧没有更优秀的人与你匹配！

其实你所谓的优秀、恐惧与担忧，都源于你对自己情感世界的不自信，对这个日益冷漠的世界的不安全感，对人的恐惧感，造成了你对你自身情感诉求的不确定性，你既不愿意放开心扉去寻找，也不愿意随便找个人将就，你更不愿意在聚会中成为引人注目的佼佼者！自始至终你寻找情感的态度都模糊不清，即使岁月让你感到青春已经离你远去，你依然觉得其实你完全能够一个人过得很好！

不期待情感，不期待邂逅，不幻想美好的恋情，不信任任何人，觉得只有爱好了自己，你才会赢得全世界！事实上，即使你把自己爱好，你也赢不了全世界，你宠爱自己的前提条件是：既爱好自己，也得学会爱人！

爱人这堂课，在书本里，在社会大学里从来没人教过我们，我们每个人都不知道怎么与人相处，我们每个人又在与人相处中学会了立足于这个社会的生存法则！很多时候，我们的爱人的本领是在恋爱中学会的，我们在爱的人身上看到了自己的优点和缺点，我们在爱的人身上看到了自己的自私、贪欲和丑陋，我们在爱的人身上发现了自己的懒惰、依赖心理以及不够坚强！

学会爱，得到爱，从来不是从拒绝去爱别人开始的，也不是从只知道宠爱自己开始的，而是从寻找爱的能力开始的！当你觉得你优秀、完美，需要别人爱你久久，迁就你良多，你才会爱别人时，你永远得不到爱，也找不到爱的人！

人与人之间的爱都是相互的，爱的天平从来都建立在彼此互爱互敬基础之上！那些惧怕爱人的人儿，请放下心中的恐惧，勇敢地去爱人、去信任人，即使被伤的遍体鳞伤，那也是一种成长和经历！暂时忘记宠爱自己，从那些难以愈合的伤里，领悟爱后的勇敢和坚强，会为你未来的人生（给你自己）带来更多的宠爱！

不要叹息你找不到人生的另一半，请多反思，你是否毫无顾忌地去寻找爱，去投入地爱人，去不计回报地爱人，即使被爱的人所伤，依然不放弃生活，不放弃爱的美好！

人生漫长，自己一个人面对，当然看上去简单轻易。可是没有人见证这一切，将是多么遗憾的事。

每个说不想恋爱的人其心里都住着一个不可能的人。其实没有不可能的人，只有一个不够勇敢、不敢面对的自己。其实说来说去，就是两个字：懒惰。

懒惰是一切孤独症的根源。不要因为懒惰而放弃寻找，不要因为懒惰而忘记宠爱自己，不要因为懒惰而失去爱一个人、爱你自己的能力。

要杀死孤独，先杀死懒惰。勤能补拙，你总能找回，宠爱自己的方式。

这些话献给每一个，在爱的道路上，笨拙又勇敢的男孩女孩。

最美好的爱，是成全

爱的境界有很多，通常人们都认为相濡以沫是爱的最高级形式，其实在很多时候爱的最高境界是放弃。与其痛苦地徘徊在爱与舍的边缘，与其死守一份承诺，与其没有自我地迎合一个人过不快乐的生活，不如果断放弃，重新遇见一份幸福，守候另一份真挚。

虽然有的人很难对爱说放弃，对爱人说放弃，对曾经的岁月说放弃，对自己的回忆说放弃，但是死守着诺言与枯萎的爱情本身就是对自己的不负责任。也许我们心有不甘的不过是那青春岁月，我们心中留恋的也不过是那个人曾经的温柔，我们永远停留定格的是那年那月的印象。然而伴着岁月的流逝，我们当初爱人的情景变了，我们印象里的人与事也变了，如果我们仅仅停留在当初的印象里，实属浪费彼此的时间与经历。

爱人之爱，爱在给予与奉献的时候，还得评估值不值得，这样做能否给彼此找到心灵的寄托。感情是最容易变质的，也是最靠不住的。曾经有个女孩对我说她不甘心十年的感情付诸东流，她用尽了方式去挽留，用尽了气力去挽回，却依然无果，甚至她想过结束生命。其实，她这样的做法不是爱，仅仅是对爱的一种占有、一种亵渎，这个世界不会因为谁的放弃而消亡了爱情。所以没有必要在爱情溜走的时候费尽心机去挽回，也没有必要因为不甘心而强留一个人。

假如一个人的心走了，怎么留都是留不住的，不如学会成全、学会祝福，尝试着优雅地转身，即使泪水流过面颊也不要回头，因为一回头，最难堪与难受的还是曾经爱过的两个人。

一直很喜欢《东京爱情故事》，每次看到莉香的笑颜，看着莉香追逐背后的无奈，总有种怅然，因为她爱的男人不是不爱她，而是缺乏爱她的勇气，缺乏彼此面对生活的勇气。

所以他选择了理美，选择了和他在同一平衡线的人，多年以后莉香与完治再次相遇，即便莉香依然孑然一身，却对完治没有任何抱怨：微笑，转身，问候，迈着小步跑，匆匆而去……

没有哪种爱可以让我们视而不见。当爱情流逝的时候，与其抱怨、诅咒，不如试着微笑，试着放弃。爱情是不需要同情与施舍的，它在需要尊严的同时，也需要你领悟爱的最高境界：放弃，放弃不属于自己的缘分是对自己的救赎。

所以当我们无法给一个人幸福的时候，与其留守，不如让我们放爱一条生路。因为爱的最高境界是放弃。

当爱情变成一种奢侈，我们该如何去爱?

不知是社会冷漠，还是人性过于自私与懦弱，当你记忆中的很多时光很多人事，都变得遥不可及，成了一种幻影的时候，你会发现在这些华美的背后，隐藏着难以言说的感伤。

现如今拒绝爱情的人越来越多，珍惜爱情的越来越少，游戏爱情的人倒层出不穷。真正想要去爱的，不知道如何去爱，即便是爱了，那又如何，不是爱了就爱了的问题，而是爱过以后，能否将这份爱长久地维持下去?

当同居成为一种习惯，当誓言成为一种手段，当不相信与不确定成为一种抵触情感的不安，也不知道还有什么人值得挂念。也许我们唯一可以做的是讨好自己、宠爱自己，努力让自己的人生少受点伤害、少受点情感波折。

品一个人，就像品一杯红酒的醇度，而体会一个人的假意或真心，则需要时间和过程。在这个高速发展的资讯时代，谁又愿意花时间去了解一个人的真实抑或虚伪?

当下的我们，为了更好地活着，无论在工作还是在生活中，都变得急功近利。

持不婚主义的人越来越多，不相信爱情的人也如“雨后春笋”。透过这些现象，看本质是什么？是我们对彼此的渴求，还是我们对彼此的不满，抑或是我们对彼此的不信任？不要问80、90后这一代为什么这样，如此冷漠、淡然，或者如此冷酷绝情，那所谓的博爱人士，又出生在哪个年代？

当下70后对情感的迷乱，80后对情感的混乱，90后对情感的不知所措，整个社会的浮躁与不安，已经令人心与人性变得高度模糊。有时在想，活在这个世界上，我们好多人都成天忙于防备与算计，忙于争夺与厮杀，我们又可以真正去相信谁，或者谁值得我们相信？有时就连我们自己，都对自己绝望。

假如一个人可以拥有选择不出生的权利，又有多少人愿意在尘世走一趟？就像我们无法选择自己的出生一样，我们也不知道我们生下来会在一个怎样的环境，我们也极度迷茫着我们出生的环境可以给我们带来什么？我们可以在我们生活的环境中得到什么？

由于环境的迥异，我们对人对事的看法有很大差异，就如我们一直标榜自己的高贵、他人的贫贱一样。出身环境的迥异，造就了人与人之间视野的局限与差距，使得我们当中的一些人变得愤世嫉俗。

就如一些人说，同样是人，凭什么他可以拥有那么多，而我却只能这样？

不要说谁可以真正地释怀、可以毫无保留地为谁付出，谁可以真正地做到不贪婪，可以没有任何疑虑地相信别人。防御都不是装出来的，而是我们经过一次次的经验教训总结出来的。

人最大的慈悲，是不把对别人的付出，作为别人回报的资本。你当初为他人所做的一切都是心甘情愿的。当然，不是每个人的思想境界都可以达到这个高度，你也别期望别人会和你一样。

当爱情变成一种奢侈品，我们该如何去爱？谁也说不清楚，借罗素的话："对爱情的渴望，对知识的追求，对人类苦难无可遏止的同情心，这三种简单而又强烈的感情足以支配我们一生。"而支配我们努力爱自己的动力，是狠狠地宠爱自己。你可以对他人绝望，但你不能对你自己绝望。

在还有能力去爱的年纪里，请勇敢去爱

去超市买东西的时候，看见一对对情侣不禁心生羡慕，正看得入神的时候，我的推车不小心滑了一下差点撞着一个女孩，她旁边的男孩子赶紧挺身而出，紧张地抓住女孩的手，生怕这个女孩出什么事。他的动作让我的心颤抖了一下，赶忙对他们说对不起，对不起，我太不小心了。

就在那一瞬间，时光仿佛回到从前，我想起当年那个怕过马路，一过马路就喜欢找人垫背的家伙，一个过马路只知道吃东西找不到南北的自己。

这样多年过去，我终于知道孤单与孑然一身是什么样子的了，一想到要这样孤老终生，不免心生凄凉。在我装着对什么都不在乎的外表之下，在我事事都喜欢逞强的自尊之下，在我希望别人为我付出更多的自私之下，在我总觉得自己还达不到一个高度怯于谈情感的自卑之下，我那颗冰冷的心依旧是柔软

的，只不过我伪装得太好了，以至于让别人觉得我是个圣斗士，有无穷尽的力量去战斗，其实我不过是个倔强的女子而已，太过骄傲总觉得别人应该如何如何，而自己呢？现在我终于知道难过是什么滋味了，但这也表明我还有热情存在，这表明我还有能力去相信爱情和婚姻，这表明我依然在爱的年纪。

我一直在想：在我还有能力去相信爱情婚姻的年纪里，我为什么不可以勇敢地去爱？去坦然地面对生活？去给自己流浪的心找个归宿？我为什么把自己藏起来，掩饰得严严实实的，假装自己无所不能，这难道不是另外一种悲哀吗？

从现在开始，我要勇敢地去爱、去相信婚姻，即使闪一次婚也行，没结过婚怎么会知道婚姻是幸福还是不幸，没有踏入围城我怎么知道不好？我成叽叽歪歪地在博客分析什么鬼情感，搞得像情感专家似的，其实自己就是一情感白痴，做什么事情都表现得幼稚被动，面对情感问题时表现得玩世不恭的样子，还天天在 MSN 上跟小孩闹着要消费男色，消费什么啊？人影子都没见到，天天就一只猫在我面前叫。

有人说我运气太好认识一堆草食男从来没受过伤害，其实不是因为我本身就是那种呆瓜型的，人家觉得我这家伙太白痴，谁好意思伤害我啊？骗我都觉得于心不忍，唉，我可真是失败透顶，现在想想我这家伙够迂腐的，笨得要死，还自认为特聪明。

在我还有能力相信爱情相信婚姻的年纪里，我一定要相信直觉，相信爱情相信婚姻其实并不可怕，可怕的是傲慢而游离的心灵。

如果你还不到二十五岁，我劝你一定要好好地去谈恋爱，如果可以和爱的人在一起，你们一定要争取在一起的机会，因为这样的爱情足以让你们珍惜一生，虽然年少时的爱情像雨像雾又像风，虽然年少时我们很难去珍惜别人对我们的那份爱，但是当我们过了二十五岁以后会发现以后的爱情就像流水一样，让你付出真心和真诚太难了，不是我们学不会爱与付出，而是我们的心在现实生活面前早就冷却了那份热忱，我们很难把一个人对我们的爱想得像年少时的水晶之恋般美好。长大以后的爱情是讲究条件的，这里不存在男女的性别差异，在都市里为了生存挣扎的男女是很难用心去爱人的，更多的是欲望与诱惑，因为大家都很难做到不因一个人的某些东西而去爱一个人。

当你过了二十五岁，不要再奢望爱情的纯度与真度，因为和我们同样年纪的人都长大了，在社会上摸爬滚打很多年见多了太多的誓言与谎言，到了这个时候，你还期望恋爱像初恋般单纯浪漫那是不可能的，到了这个时候，我们还敢玩的也只有取暖和暧昧了，即使爱了都希望对方先付出多少自己才付出多少，我们很少有人说自己具备爱的能力了。

一个人过了二十五岁以后，能够结婚的还是尽量去结婚，虽然结婚是需要很多的家世背景个人资本做陪衬的，但这并不表示婚姻是不幸福的事。婚姻是真实而坦然的生活，不存在幸福与不幸福，幸福就像平淡的生活一样，似水流年的爱情再怎么激荡人心又怎能比得过流年似水的婚姻?

恋爱和婚姻是两回事。世人都知道爱人太苦，所以出现了婚姻，不管婚姻中的两个人是因为爱而结合还是因为条件相当而结合，都得坦然地面对婚姻生活，都得坦然地面对传宗接代，这是人类延续的必需，这跟结婚年龄大小没关系，无论怎么逃避也逃避不了。孤老一生的人还是很少的，为了我们老了时有个伴，我们还是得积极地找个人结婚的。

似乎浪漫的爱情故事以悲剧结束才显得足够浪漫，其实人与人之间寻找爱情寻找感觉寻找到最后我们都忘记了，这个世界上并没有不适合生活在一起的人，重要的是是否在为彼此的幸福而努力。毕竟恋爱婚姻都是需要经营的，这跟外在的因素无关跟我们彼此的傲慢与偏见有太多的关联，能够对别人和自己不自私的人自然会获得婚姻的幸福，有时幸福不是我们想象的那么难得到，他人也不是我们想象的那般自私与难以捉摸，只要你付出得够有诚意你就会得到更多的幸福。

爱一个人很难，但请你一定要相信爱、相信直觉

也许是因为我们生活的世界太复杂了，所以人心变得脆弱，变得不可爱了，变得浮躁了，也变得宁静不起来。久而久之我们对一个人的爱，也变得自私起来。

年纪越大，对爱情的理解就越复杂；年纪越大，就对人心与人性看得越通透。我们总是躲闪在爱与不爱之间，我们总停留在暧昧与取暖之间，我们总是不愿意付出自己的情感，我们总期待别人对我们主动一点热情一点，我们总认为婚姻与爱情是两回事，爱情浪漫，婚姻现实。

所以当我们选择爱情与婚姻的时候，现实总是放在第一位。当我们满足于我们的现实而结婚的时候，我们忽然又发现没有感情基础的婚姻是多么凄凉。所以在这个世界上又出现了一群极端的人，极端得不将就婚姻，即使年纪一大把，依然相信总有个和自己一样的人会出现，就像这个世界上另一批适应婚姻的人，他们总相信两个人在一起比一个人幸福。

而令人遗憾的是，上帝总喜欢跟人们开玩笑。有时候一个人比两个人更幸福，两个人在一起需要磨合的太多，要兼顾太多的事情，要共同承担太多的考验。往往缺乏大爱的人，就草草地成了婚姻中的失败者。坚守情感的人，往往到最后就赢得了自己所爱的人，即使这样的坚守需要很多很多年的时间，依旧有无数的人为坚守而坚守。

爱一个人真的不是件容易的事，你爱一个人就一定会既包容他的缺点，也会纵容他的优点，因为你爱这个人所以你觉得你对他的爱是理所当然的，就像他对你的爱一样。我们一直很羡慕那些相爱的人，他们可以在一起相知相守很多年，因为他们把彼此放在彼此灵魂最深处，所以他们舍不得让自己的爱人受到伤害。他们舍不得因为自己的过失而失去最爱，所以他们乐意为爱的人做出牺牲与改变。

这就好比当你爱上一个人的时候，你会觉得他的某些无法让人接受的地方，你都能够接受。同理当你被他人爱上的时候，你会发觉自己真的是一个很幸福的人，你会潜移默化地改变自己的任性倔强刁蛮，甚至你会发现自己变得越来越好越来越温柔。

有时候爱是让人进步与成长的过程，真正的爱情足以温暖你的人生。可是在这个浮华世间，我们寻求极致的真爱的过程，却又变得那么坎坷与不现实。我们学会了虚伪与伪装，我们学会了清高与傲慢，而我们在骨子里巴不得爱我们的人，可以给我们更多的温暖。

我们每个人都是缺爱的孩子，因为得不到，所以我们在欲望都市中挣扎；因为得不到，我们学会了伤害与辜负那些爱我们的人；因为得不到，所以我们对人对事都充满着揣测嘲笑讽刺和怀疑；因为得不到，我们总觉得这个世界缺少温暖。

爱有时是需要感觉的，这与得到得不到没有关系。相信感觉的人，自然相信自己一定会在某年某月的某一天，在向左转向右转的路角，看到两条不同的平衡线相交，就像小时候我们经常仰望摩天轮，它总会给我们指引一个方向让我们去追逐梦想。

其实他人并非我们想的那样难以捉摸，我们都只不过是个缺爱的小孩而已，我们缺的不是爱别人的勇气，我们缺的是一份爱的感觉：当你第一次见到某个人的时候，你会莫名其妙地紧张脸红，你会突然不知所措，你会变得有些怯弱，如果那个人和你感觉相同，请抓住他吧，也只有这样一个人才能够制伏你的不安与怯弱，制伏你的恐惧与迷茫，制伏你所有的疑惑与猜测，你也会心甘情愿为这个人改变，直到你们彼此都明白，今生的牵手是最大的幸福。

虽然我们都知道爱一个人很难，但请你一定要相信爱，相信直觉，同时也希望你不要因为年纪而将就爱，不要因为世俗的看法而舍弃了爱，不要因为一时的任性赌气而放弃了爱，而是因为爱而爱。

如果你觉得自己不够爱那个人，那么请你放手吧，让更爱他的人去爱他，如果爱你的人爱你爱得不够彻底，仅仅是因为你值得爱而爱，那么也请你放手吧，也许他还没找到真爱，所以他无法投入百分之百的爱去爱你。

感谢那些被我们暗恋过的人，他让我们变得更优秀

暗恋一个人的滋味就像打翻了一瓶老陈醋，你明知道那个味道不是你喜欢的，但你还是拼命地想他的好，即便他没那么好。而多数情况下你整个青春之所以没去恋爱，是因为你把你谈恋爱的时间留给了暗恋，你把你只对一个人好的时间，锁定在了一个让你觉得此生再也找不到比这个人更好的人的身上。

也许你暗恋的对象并不知道你是怎么从他身边仿佛不经意地走过，不知道你用什么样的目光看过他，更不知道你可以为他无条件地放弃你所喜欢的东西；你听某人说他不喜欢看女孩大笑的样子，你就让自己关于露齿；你总想把自己打扮成他喜欢的模样，你总想让他某天能够记住你；你知道他文章写得好，你就拼命地写文章希望他有一天可以注意到你……

如此种种，也许你从未跟你暗恋的人说过话，也许你在操场跑步只是因为听说他喜欢看女孩跑步。甚至你会因为暗恋的

人的某一种喜好，让自己也迷上你暗恋的人的喜好，可是你从来没有告诉过你暗恋的人：×××，我喜欢你。

也许你在毕业或者工作多年后，还是会偶尔想起他，想他过得好不好，想看看你曾经暗恋的人还是不是当初的模样。也许他的变化会让曾经那么迷恋他的你失望，也许他的变化会让你觉得你所有的暗恋不过是在和想象中的他谈恋爱，也许他会突然对你说：×××，知道吗，当初我也非常喜欢你。也许多年以后你问暗恋的人为什么还不结婚，而他偏偏说了句：只是因为你。

我想我们每个人在一生中总会为一些人哭得肝肠寸断，总会因为得知某些人不喜欢自己而黯然神伤。但是当我们去暗恋那个人的时候，我们会发现那个人所有的优点都让我们感到欣喜，是他让我们学会了成长。

所以，请感谢那些我们曾暗恋过的人，是他们让我们懂得情窦初开的甜美，也是他们教会了我们与孤独为伴与寂寞为友。

没有他们我们怎么会变得如此优秀，这让我突然想起泰国的那部小电影《初恋那件小事》，小水在片尾说："学长就像我生命中的灵感，让我了解爱的积极意义，他就像是让我一直前进的动力，让我有今天的成绩。"

或许这就是为什么我们觉得那瓶被打翻了的老陈醋好的原因，也许这就是爱情的意义所在，因为好的暗恋会让我们变得更加优秀。想必我们每个人心里都有个学长或者学弟，学姐或者学妹，他永远都不会知道我们曾经暗恋过他，但是他却教会了我们如何去爱。

这世界上任何东西都不是理所当然的，包括你所得到的爱情

美美跟一群男性朋友吃饭，大家无意中聊到买单问题。好多人都说：男士应该买单，不然多没面子。有个妹妹跟你出去吃饭给你面子，你不买单咋行呢？美美好奇地问：为什么？难道女的不应该买单吗？谁挣钱容易啊！朋友们都摇摇头说：美美，说实话，在众目睽睽之下，每次看你买单，我们都不好意思。

美美有些郁闷地说：我就不该买单吗？要不今天我请，下次你们请，要不AA。你们看咋样？结果一群人凑够了钱，各自为各自买单。美美走在回家的路上，一直在想这个问题：男的请女的吃饭就必须男的买单吗？这就是中国国情？还是发扬西方的绅士风度。好像老外吃饭一直都奉行AA制吧？

难道男女之间交朋友谈恋爱，就一定要“男士优先”？难道男的请女的吃饭逛街，无论价值多少都得男的买单？这不合

理啊？从经济学角度来说男的很亏本。从人与人之间的平等关系来说，也很不平等啊。凭什么我是男人我就必须买单？凭什么我就该养女友？凭什么我就该当杨白劳？

例如一个读大学的男生，谈个女友。他自己都靠家里养着，还要家里再帮养一个，那他父母是不是很冤枉，凭什么呀？于是美美又回去问和她一起玩的女孩子，你们说和男友出门消费该谁买单？女孩子们都说该男的买单。美美问为什么？他是我男友啊。现在都舍不得为我花钱，以后还得了？！人家也用家里的钱，也不容易啊。女孩们没说话。美美说咱们换个角度："如果你是男的，你给你女友买所有的单，你们愿意吗？"女孩们都摇摇头。

也许男孩子觉得为女孩子买单是应该的。但是当有一天，一个男孩子为自己的女友买单花光了自己所有生活费，骗光了家里所有的钱，还用什么来帮女友买单？你们会怎样想这样的女孩？那些女孩听美美这么一说，都沉默了。后来美美身边的女孩子与男孩约会，都开始主动为自己买单了。

贪慕虚荣是女子的天性，我也不例外，但凡事得有个度。在这个世界上求生存每个人都不容易。你说那些男孩男人容易吗？他们每挣一分钱，都需要付出努力。作为一个男性来说，想在这个社会上立足，真的很艰辛，那种艰辛有时是我们无法想象的。

男人最在乎的是自己的自尊心与面子问题。买单是小事，但从买单的数目与分量来说，这也是他们对身边女子的一次考核与审视。女孩们不要以为男人个个都是款爷，也许他们今天帮你们买的单，会让他啃上两个月的馒头，只是他们从来不说。很多时候男人比女人活得累，压力与责任全在他们头上，女人不去工作没有人说什么，一个男人要是不出去挣钱，那麻烦可就大了。

如果一个女人经济都不独立，谈何人格独立呢？买单虽然是小问题，但很多事情是以小见大。这世界上没有永久的免费饭票，也许偶尔，你会遇到一张免费饭票，但如果你自身没有资本，没有头脑，仅仅有外貌，你的饭票最终会离开你，也许你会认为那是愿赌服输。

女孩，请学会为自己买单，不是不可以让男人买单，而是你们开的单据不要太过分，不要窃喜今天宰了个笨蛋。或许就因为你今天的行为，而失去了一个可靠而又踏实的好男人。

女孩，不要以为男人就是刷卡机，他们是很愿意当刷卡机的。毕竟他们是男人，问题是你值不值得让他为你刷卡？当你和男人还没有建立很熟悉的关系的时候，请随时给自己带上信用卡；就算你们很熟悉了，也得给自己刷卡。特别是在现在这个浮躁而又世俗的社会，谁的经济条件又有多好呢？就算爱你的男人身价千万，你也得明白一点，那不是你的财富，今天他可以为你开单，明天他也会为别人开单。

女孩请为你自己买单，这样你会赢得更多的尊重，你会获取更多的机会。我不是教你特立独行与众不同，而是让你学会将心比心。如果你真的爱一个男人，你会知道为他节约的。因为你也知道他不容易，就算你没爱上你身边这个男人，也请你为你自己买单，他也不容易。

亲爱的女孩，这世界上任何东西都不是理所当然的，也包括你所得到的爱情。一个女孩最大的慈悲是学会感恩，学会如何善待他人，学会坚强勇敢；一个女孩最柔软的信仰，是学会抗争，学会说不，学会不妥协，学会如何努力拒绝诱惑。这社会太乱了，不用装纯，但也不用时刻想着身边男人为自己买单的窃喜，毕竟自己的钱袋才是真正靠谱的。

第二章

宝贝自己，你不该是我的唯一

女人需要有勇气做真正的自己，探索真正的自己，结婚也好，订婚也好，实质都是在创造生活，都是一个通过经历不同的事情获得知识与智慧的过程。即使这个过程很痛苦，有时让人难以接受，但如果你能坚持到彼岸，你就能成为真正的自己。

爱好你自己，就一定有人配得起你

席慕容曾经写过一首小诗，名叫《莲的心事》，里面有一句:“我已亭亭，不忧，亦不惧”。在电影2005版的《傲慢与偏见》里，伊丽莎白伫立湖畔的身影伶俐，有所思而又无所待的样子。读懂女儿心思的父亲，悄悄地停留在她身边有些悲观地叹息道:“亲爱的女儿，我担心这世界上没有人能够配上你。”因为这位父亲太清楚女儿伊丽莎白的个性：自尊心极强同时又极其骄傲独立。

“优秀是能力，敢于优秀是勇气，遇到能欣赏你的优秀的人是运气”，这段话里所诠释出的优秀是这样的:“不是女人干得出色或者在某方面与众不同，而是这个女人可以幸运地遇见一个既可以包容她所有优点与所有缺点，同时又认同她不平庸的特质的男人，欣赏她那份坚持的同时又欣赏她这份与众不同的优秀”。当今不少姑娘需要的不是一个配得上自己的男人，她们真

正需要的是男人对自己发自内心的欣赏与认可。

遗憾的是在这个一切看出身条件家庭背景社会地位的世界里，一个男人很难用平和的眼光去认同女人心中所谓的优秀，不是所有男人都希望女人比自己优秀。他们总认为一个女人想得太多看得太透终归不是一件好事，他们觉得女人就该有女人的样子，该结婚的时候就必须得结婚，该生小孩的时候就必须得生小孩。

当女人们收起自己的棱角，开始掩饰自己的真正想法，开始往男性社会的道德规范靠拢，这何尝不是女人的人生悲剧？并且这些女人还经常用“大智若愚”来安慰自己，因为她们心里很清楚男人们的想法：“往往毫不掩饰自己优秀的女人很难受到男性青睐，并且让男人有种惧怕之感，尽管男人们表面上心悦诚服，但其实心中早就有了定论”。这何尝不是女人不自信的表现？

人终归无法逃脱自然规律性的衰老，上帝对女人最大的不公平是先衰老她的容颜，让她失去“女为悦己者容”的希冀，进而摧毁她的心智。

“等什么时候，每一个女人都完全不用考虑掩饰自己的优秀了，再跟我提男女平等。等什么时候，每一个男人都不需要有才不需要有钱不需要帅气了，这世界就很有爱了，而现在所谓的男女平等依旧是个童话。”

所以伊丽莎白的父亲对他宝贝女儿的担心是有道理的，但是对于伊丽莎白自己来说，我相信她不会担心这世界上没有人能够配得上她，因为她从未因为迎合一个男人而委屈自己，她也不会掩饰自己的优秀，她使自己的优秀超脱了家世，超越了时代。

因为这世界上有什么样的女人就一定会有什么样的男人存在。你要相信这世界上总有一个人能够配得上你，即使找不到这样的人，你也不要委屈自己的心意，委屈自己的想法，委屈自己的优秀，委屈自己的情操。爱好你自己，就一定有人配得上你。

我要把一生痛痛快快地玩掉

幸福有时很简单，一道风景，一段岁月，一座城池，一个人……不管你寻找到了什么，在我们走走停停、停停走走的最后，人与风景都拥有着相似的幸福，情感一时的得失与遗憾只是岁月问题，最终我们依旧是一个人在走。人生孤独，但幸运的是能够在有生之年，踏着足迹去旅行。

著名记者波拜曾说“我要把一生痛痛快快地玩掉”，著名作家三毛也曾说过同样的话，只不过他们不同的境遇与性别，注定了他们在漫漫长路的旅途中的姿态有着千差万别。一位是在用一生的时光追寻理想，一位是在用一生的时光追寻自由。

喜欢自由的人，都喜欢玩，彼此心境不同，玩的方式与风格也不同。三毛喜欢在撒哈拉大沙漠中寻找爱情与自由，我喜欢在旅途中寻找自己心灵的净土，探索一些自己还没有想明白的事，体会迥异的人生。

当我开始往返于不同的城市，游走于不同的地方，来来回回、反反复复地去体会人与自然的瑕疵与完美时，我所追逐的与所向往的并非只是单纯的旅行，那是文化世界的缩影，是自身心态的历练与沉淀。

我想用自己一生的时光，去世界不同的地方走走，去看看这个世界的纯美与阴暗，这样的梦需要付出很多的代价，除了金钱与时间以外还需要勇气。人生就像一场旅行，在旅行中收获友谊，在人群中寻找自己。

我喜欢邂逅的感觉，喜欢看沿途的风景，不管在旅行途中是风雨雷电，还是饥寒交迫，只要寻找自由的信念不变，就足够支撑一个人前行，行走于不同的城市，寻找不同城市之间的亮丽。

林语堂曾说："一个真正的旅行家必是一个流浪者，经历着流浪者的快乐、诱惑和探险意念。"至少目前的我还达不到这种境界。我喜欢团队旅游的氛围，喜欢在途中认识不同的人，喜欢在不同的车站码头与当地人谈心，喜欢微笑着和他们挥手道别，喜欢在茫茫的十字街头回望，喜欢在特色的物品之间停留……

世界的一体化注定了人来人往的走走停停，生命的精彩与流动性对于一个以自我意识形态存在的人来说其实是平等的。如果人这一生固定在一座城市，死守着一份所谓稳定的工作，渴望永远不褪色的情感，那是多么难得的奢望？我们真的奢望很多东西吗？当浮华过后，我们最终想拥有的依然是心境的纯美与灵魂的坦然。

一个人最好的时光不是去考虑年龄与岁月的流逝，一个人最好的时光在于人在旅途中的云卷云舒：天空那样蓝，海那样宽广，街道是那样笔直，风景是那样浪漫，漫步在伊甸园的长廊，漫步在岛中岛的盘旋小路，漫步在爱恨皆幽幽的水晶大道，光着脚丫在沙滩漫步，在不同的大街小巷奔跑，体会海的温情与人生的浮浮沉沉，这何尝不是另一种境界与存活方式？

“我是一个像空气一样自由的人，妨碍我心灵自由的时候，绝不妥协。”精神的富有好过物质的贫瘠，精神的充实好过品牌的包装，这突然让我想起了张爱玲的那句话：“我是一个古怪的女孩，从小被目为天才，除了发展我的天才外别无生存的目标。然而，当童年的狂想逐渐褪色的时候，我发现我除了天才的梦之外一无所有——所有的只是天才的乖僻缺点。世人原谅瓦格涅的疏狂，可是他们不会原谅我。”

不管怎样，我只想把我这一生痛痛快快地玩掉，不为谁而活，也不为情感所累，更不想像萧红那样命运凄苦，一生悲悲戚戚泪流成河，我只想静静地抒写着我的年轮与思想的航程。

如今的我，只想做自己喜欢做的事，认准目标就努力地去实现，学会不同的生存技能，努力地去生活，然后痛痛快快地去玩，直到遇见一个同样在路上的人，然后轻装前行。离开不代表我不会回来，为了没有出去的人，为了那些留在我身后的人，为了那些无法出去的人。

宝贝他人之前，请先宝贝自己

亚琴在见到明浩第一眼时就被深深地吸引了，从此亚琴像着了魔似的迷恋明浩，只要明浩说自己需要，让她半夜去他那里睡觉，一早让她离开，她都觉得那是明浩给予她的恩惠，她小心翼翼地珍藏着。同时亚琴也清楚地知道，明浩并不怎么喜欢自己，但痴情的亚琴却相信爱情是可以培养的，无休止地为对方付出，终会有获得认可的一天。

而明浩也曾经很明确地对亚琴说过：她并不适合他，他们之间仅仅是互相取暖。但亚琴仍旧相信明浩一定会被感动，爱上她离不开她。其实明浩在骨子里就看不上读书不多做客服工作的亚琴，他觉得这样的女子只适合玩乐，是没法做老婆的，他需要的是对自己家庭事业有帮助的。

就这样，在明浩与亚琴接触半年以后，终于分手了，她说明浩把她伤得很深，她所有的尊严与骄傲都毁在明浩对她的态度上。而明浩却觉得亚琴为他所做的那些事情，都是她心甘情愿的，与他没有多少关系，况且明浩最不喜欢亚琴的一点就是做事没立场，那种“呼之即来，挥之即去”的感觉虽然曾让明浩觉得舒适，但明浩打心里是看不起没有原则的女孩子的。因为这种没有原则的女孩子，在获得自己想要到的爱情婚姻之后，会成为没有思想的木偶。他要找的女孩子是矜持有原则懂得自己想要什么，懂得什么时候该说“yes”和“no”的女孩。

也许在爱情中，很多女孩子都简单地认为，只要我爱上了对方，我把自己的心连同身体一起给对方，对方就会永远属于我，永远不分离开我。而实际上在爱情中，男人是永远欲求不满的动物，他今天要了你的身体，明天还要你的灵魂，后天说不定还要你的家世和身家。同时在男女的爱情较量中男人更喜欢做追逐的一方，更喜欢拉长这种浪漫的追逐游戏，这就好比一个男人耗费了很多年很多时间终于追上心仪的女孩，跟一个男人只花了几分钟就搞定一个女人感觉是不一样的。

人都会对自己费尽心机争取来的东西恋恋不忘，特别是在男女感情问题上，越容易上手的女人，越让男人轻视。既然这个女孩如此草率就接受我的邀请，就可以随叫随到，送货上门，改天她要是不爱我了，她会不会对别的男人也那样。

所以，女人再怎么喜欢一个男人也得吊足他的胃口，再怎么想跟一个男人上床，也得管好自己在与此男接触前十至二十次亲密接触的底线，至少也得有点难以搞定的范儿，不然一旦被男人拿下，这女人就彻底失去了主动权。

无论男女，不管是恋爱还是结婚，都得有自己的立场和态度，都得有自己的原则。你可以没有体面的工作，但一定要有股认真工作的劲儿。你可以没有美丽的容貌，但一定要有丰富的内在。你可以无微不至地对你爱的人好，但一定不要成为那种送货上门的女人。

男人更喜欢对他们说“不”的女人，而不是说“是”的女人。女人一旦臣服于男人，他就会觉得没有成就感。

当一个女人在恋爱初期就对男人送货上门，在男人刚对她有好感的时候就缴枪投降，势必让男人误以为这女人很随便很适合玩。女人可以对男人好，但不要太没原则的好。这年月的男人看似都喜欢送货上门的女人，但最后“委身”的依旧是那些高高在上傲慢无礼的女人。与其说男人犯贱，不如说男人天生喜欢征服。

爱，是人类永恒的主题，随着人类思想的进化与观念的变迁，女孩子对爱这个词要有更深的了解，要有更多的勇气和睿智。爱这东西除了勇气以外，更多的需要睿智。把爱看得更透彻一些，让自己更独立、吸附性更小一些，也许这样的爱才更真实，也只有这样的爱才能够担负起爱别人的重担。

女孩给人以令人窒息的爱，给人一哭二闹三上吊的爱，给人不成熟与不均衡的爱，都是对自己的一种摧残。不爱你的人永远不会感受到你的眼泪，你这些行为在不爱你的人面前仅仅是个悲剧。

女孩要先爱自己，再爱别人，同时弄清楚别人爱你的目的，然后再去爱。这个世界上有很多人爱你的身材、脸蛋和青春，除此以外只会有极少数的人，才会爱你老去的容颜与真正的才情与个性。而那样的爱才是真爱，一种平和而低调的爱。可惜这种爱在当今社会越来越少了，所以女孩子更应该自爱，多爱自己一些，你会更快乐。

尽管人生需要去经历，但同时人生也需要少点挫折与遗憾，包括不堪回首的往事的记忆，这些虽然可以提炼成文字，但不足以提炼成生活。

为自己活，而不是为了取悦谁

维拉王一直是我欣赏的时尚与个性相得益彰的智慧女子，出身豪门却可以参透人生与金钱的关系，并一直为自己的梦想孜孜不倦地努力，最后在百转千回中成为全世界婚纱与时装的先行者。

一个女子的美丽有多种，就看这个女人用什么样的心态去展示自己的美丽，用什么样的灵魂去发散自己的魅力。女人活着不是为别人而活，不是为家庭而活，而是为做最好的自己而活。

然而遗憾的是，放眼当下又有几个女子敢为自己而活，敢为自己的梦想与追逐不去理会世俗，不去忌讳年龄，不去哀叹容颜易老。甚至有的女人主观地认为，二十五岁是女孩到女人最后的界限，似乎女人一过三十岁依然孑然一身，是对家人的不负责，倘若一个女人结婚以后，不想要孩子，就是对婚姻的不认同，对长辈的不敬重，对丈夫的自私。

尽管现代社会已经让很多女人摈弃了礼教与传统，已经让很多女人可以随心所欲地支配自己的时间与空间，已经让更多的女人变得坚强独立而自信。但是在这些“叛逆”的背后，是随之而来的“人言可畏”的压力，是双亲的压力，是社会的压力。

一个人在怎样的家庭成长，就会有怎样的特色，这种特色犹如枷锁，让很多人无从释怀，不得不学会妥协。一个女子成长中的负荷与在家庭里所承受的压力，有时不是可以被人感知的。当我们在疑惑此人匆匆结束单身的时候，匆匆接受父母挑选与“馈赠”的他们眼里的意中人的时候，不免感慨：我们以为长大后，就可以自己做主了，然而我们的长大只是仪式却没有内容。

身为女子有时有太多的不得已，不是每个女人都可以活得洒脱，不是每个女人都输得起年华与青春，要么是别人在乎，要么是家庭在乎，更多的演变成了自己在乎。

似乎女人这一生的使命除了家庭以外，还有完成自己事业的使命，总感觉有那么一点力不从心。特别是当一个女人有了婚姻有了孩子以后就会更迷茫，所要顾及的事情会更多，很难想象她还会有自己的空间。

聪明的女人不是聪明在外，而是聪明在内，懂得怎样平衡自己的家庭与事业，尽管做不到全而精，至少可以做到有条不紊，然而这种女人又有多少？很多女人要么放弃了家庭单打独斗，要么放弃了事业安心做个家庭主妇，只是她们中又有多少人会觉得开心？

聪明的女人懂得如何完善自己，这种打造与修炼，不是做给男人看的，也不是用来蛊惑男人的心的。假如女人用一种对自己的包装，来换取所谓的吸引力，只能说这个女人是为别人而活。

一个不懂得为自己而活的女人，一个成天机关算尽的女人，一个整日在男人面前卖弄神秘与性感的女人，我反而觉得她不过是一个合格的演员，因为她的心是空虚的，她的喜怒哀乐是在作秀，是在取悦那些有身份的男人。

真正知性的女人她的知性不是展示给谁看的，也不是唯恐全世界不知道她的知性，真正有本事的女人是活给自己看的，她们不会去在乎周围的人怎么看她们，她们只想做她们自己活她们自己。用脂粉包裹起来的女人，用伪装渲染起来，然后再自炒自卖的女人，终归是肤浅的，值不得深爱。

一个女人想要活得漂亮，除了要有自知之明以外，还要弄清楚自己到底想要什么，为什么目标而活，而不是去作秀去哗众取宠。女人还是务实点好，做个懂得经营自己的智慧女人，不是为这个世界上的谁而活，而是为了自己而活，活得漂漂亮亮，一种由内而外的漂亮。不是为了谁的喜欢与欣赏，只有女人自己相信与认同自己了，才能得到真正的掌声与祝福。

人与人之间的较量更多时候是实力之争而不是容貌之争，

平凡或者亮丽只是过程，最终的输赢还是靠女人对自己的沉淀。你可以输给任何人，输给任何事，但是不要输给自己，也不可以欺骗自己，不然到了最后谁也救不了你。

做个平淡而懂得经营自己的女人就是成功，不需要和谁对比，但是可以和自己较劲，以挖掘自己的潜力为目标，相信更多的女人会在自我较量中活得更幸福、更完整。女人就该为自己而活，而不是为了取悦谁而活。

给自己一个归宿，无人可依时免半世流离

“一个女人要想写作，她必须有一间属于自己的屋子。”这是英国意识流小说家伍尔夫曾经说过的话，这话代表女性意识崛起的同时，又暗含了女人有属于自己的房子的重要性与必要性。

现在，女人要想活得更好，获得真正的独立，一定要有一套属于自己的房子。不管这套房子是按揭的也好，二手房也好，抑或是家人送的，总之女人在自己的能力范围之内，一定要拥有一套属于自己的房子。

虽然男人买房子成家立业是传统，但是到了男女恋爱婚配关系不够明朗的现实社会，女人要是有了一套属于自己的房子，她就多了一份安全感，心里就更踏实一些。

女人有房子的安全感，与女人对男人情感的依附是不同的。在过去，中国女性想拥有一间单身宿舍都是奢侈；而现在，很

多女性逐渐认识到，自己有个窝与成个家的不同之处。

有所谓的房地产商胡搅蛮缠地抱怨说："是单身女性在推动房价的上涨。"这不是一件很可笑的事情吗？单身女性再多，有空缺的房子多吗？答案是否定的。但是单身女性对房子的需求量增加，说明了房子对于女性的重要性。不管是租房子，还是与男人结婚拥有房子，都很难让当今的女性找到踏实安定的感觉，一个女人拥有了属于自己的房子以后，无论结婚还是离婚，她都有了个栖身之所，这是非常现实的问题。

国产电影《假装没感觉》很好地向我们诠释了女人有套房子的重要性。演员吕丽萍在片中所扮演的是一个非常普通的中年妇女，她由于无法忍受丈夫的不忠与冷淡而离婚，但由于经济上无法独立，再加上身边又带着个女儿，为了有一个安身之所她被迫屡次搬迁。女主角先是从原来与前夫共有的家，搬到娘家的亭子间，再婚后又搬到了旧公房，后又因故再搬回娘家……最后几经波折，女主角终于在黄浦江畔，买下了一个虽然破烂不堪却看得见风景的房间。

离异的女人，在生活中所承受的这样那样的无奈与悲哀，在现实生活中还存在着。当今男女结婚的条件，竟抵不过法律上的婚前财产属于个人财产。所以女性指望嫁个男人的有套房子，还不如自己争气点买套属于自己的房子。房子可比婚姻可靠得多，感情好时倒什么都可以不分，感情不好的时候，男人同女人算起经济账来，就如电影《假装没感觉》里的丈夫，他可是什么都算得出来，末了还把你扫地出门。

你无论怎样艰辛，都得努力为自己的房子而奋斗，只有这样，你才可以以一种平等的方式去正视男人与婚姻。有了属于自己的空间以后，你心中对情感与婚姻的落差会小很多，你也可以毫无牵挂地与你心爱的人一起走天涯。毕竟对你而言，结婚也好离婚也罢，都不需要过于劳神为房子与财产而忧虑，就算你不工作，结婚以后房子的租金，依然可以满足你的生存需要。

女人有了自己的房子，内心感受是不一样的，就像婚姻的见习空间一样，你有自己的空间，就会拥有更多扭转坏局面的机会。如果女人的空间里只有男人，那么你与他之间的谈判会少很多筹码。如果你依靠他而活着，就算他做了对不起你的事，你也得忍受，当他无法忍受你的时候，他会把你扫地出门，那你的结果会是什么样子？

总的来说，女人要有自己的经济来源，条件好一些时买一套属于自己的房子，是对年华与未来的一种保障。房子是除了你的事业与亲人以外最不会背叛你的人，它永远在等着你回去，而爱情与婚姻是无法预测的。

培养宠爱自己的习惯，即便全世界都抛弃你

经典电影《欲望号街车》中的布兰奇是一个耐不住寂寞的女人，是一个对情感对生活有着太多憧憬与幻想的女人，所以当她发现自己所爱的丈夫只会写诗，并且还是个同性恋的时候，她心中的丈夫形象完全崩塌了，她的丈夫因为她的挑剔与不满而开枪自杀。

从此布兰奇让自己的情感走上了不归路，她一面为丈夫的死去而无法原谅自己，一面又想追寻新的爱情，去抚平自己的寂寞与创伤。当一个女人开始耐不住寂寞，需要寻找不同的男人来肯定自己的魅力与存在价值的时候，注定会变成一个可怜而可悲的女人。

当布兰奇失去了优越的生活环境，失去了体面的工作，搭乘欲望号街车去天堂乐土的时候，悲剧开始了。布兰奇成了斯坦利的眼中钉，因为她的到来并没有给他这个家带来任何好处，还增加了他们的生活负担。而且布兰奇那种夸张的做作的淑女做派，也让斯坦利感到厌倦，然而布兰奇一直生活在她编织的童话中，梦想着舒适与体面的生活，梦想着即使在美人迟暮的时候，也可以用美貌与智慧，征服世界上所有的男人，得到他们的崇拜与倾慕。

也许每个女人都曾经做过布兰奇的梦，但生活是残酷的，梦总是容易破碎的。当女人的美梦破碎以后，期待一个男人来拯救自己，或者期待上天的眷顾都是很不现实的。如张小娴说：“不管你爱过多少人，不管你爱得多么痛苦或快乐，最后，你不是学会了怎样去恋爱，而是学会了怎样去爱自己。”

女人学会爱自己，比学会爱男人容易得多。人只有爱自己才不会让自己受到伤害，只有爱自己才有足够强大的力量去面对生活中的不幸。如果一个女人一直想着自己的名字叫弱者，总觉得自己需要被拯救，甚至孤注一掷地去爱一个男人，追随一个男人，或者把男人当成自己生命中唯一可以托付的人，那

么注定这是一个悲剧。

当女人把男人当成天的时候，就离布兰奇的悲剧不远了。可怜之人必有可恨之处，布兰奇是可怜，但可恨的是她自甘堕落，把自己的生活搞得一团糟，企图换一个环境重新开始，又招致她妹夫对她行为举止的不满与报复。

所以女人与其盼望别人来爱你，盼望别人来拯救你，还不如自己拯救自己。在拯救自己的路上，有人能够帮你分担固然好，即使没有也不要气馁。学会对自己负责，即使在孤立无援的时候；学会宠爱自己，即便全世界都抛弃你。因为你是唯一可以让自己幸福与快乐的人。

宠爱是一种能力

爱是一种能力，一种化腐朽为神奇的能力，一种爱了便舍不得自私的能力，一种因为爱所以爱的能力，一种不怯懦不自卑的能力。而爱的能力，对于很多人来说是可望而不可即的。因为爱，在很大程度上，意味着要舍弃自由，舍弃喧嚣，舍弃灯红酒绿，独自为一个人而留守。因为爱，在某些时刻，意味着拿一生的幸福，去豪赌在另一个人身上。因为爱，在某种情况下，意味着要对更多的事情妥协，做出牺牲，甚至是成全。所以很多人不敢轻易去爱，因为爱意味着认真，而认真意味着部分地约束自己、对他人妥协。

爱人不易，爱己却是一件简单的事。当你因为爱一个人爱得过于疲惫，爱得过于没有尊严，爱得肝肠寸断，爱得忘记了自己是谁，爱得抛弃了自己的本来面目时，那已经不是爱了，而是一种对他人不甘心的占有欲而已，对他人不在乎你的自尊心受损的纠缠与折磨。

人生从来就是一场孤单的旅行，在这段旅途中，你享受的更多的不是爱与被爱，你享受得更多的是：你在跟你自己对话。爱一个人从来就是你自己跟自己对话，跟你自己的喜怒哀乐对话。

在你一生中，你可以跟自己对话爱情、婚姻、教育与工作，也可以跟自己分享喜怒哀乐。但是不要指望你的对话别人能懂，也不要指望你爱的人能够真正地懂你。懂你的人也许只能是你自己。当你自己都不明白自己是谁，想过什么样的人生，爱什么样的人的时候，你要对自己好一些；当你迷失在各种玄幻与说不清道不明的人情世故中，无法挣扎的时候，对自己更加地宠爱一些。

这种宠爱，它不需要华服做装点，也不需要浓妆艳抹做底色。它需要你用心去聆听，聆听自己内在的声音，聆听灵魂深处的自己。

这种宠爱还在于不要总是找借口对自己说忙。很多女人，总是说自己忙，忙得没时间吃早晚餐，没时间谈恋爱，没时间与家人相处，没时间去Party，没时间收拾自己，没时间把自己弄得更漂亮。

当你说没时间爱自己的时候，你已经是在对你自己不负责任了。一个女人一天有二十四小时，在这二十四小时当中你完全可以过八小时工作、八小时恋爱、八小时休息的生活。女人来到这个世界上终其一生是接受上帝的洗礼、上帝的宠爱的，这个上帝就是女人你自己。

身为女人，你有那么多天真烂漫，那么多纯真情怀，那么多的小情调与小心思，可你为何不把你这些小情怀、小情调和小心思，发挥到宠爱你自己身上呢？你为何要把宠爱自己的能力，浪费在一些不爱你的人身上，浪费在与过气爱情的斗智斗勇上，浪费在去猜测他人怎样想你看你上？

当你有时间取悦你自己，把你自己打扮得漂漂亮亮，把你的生活事业都经营得很好，从来都是那么朝气蓬勃的时候，你还怕找不到你想要的男人吗？大多数男人，都喜欢热爱工作热爱生命、认真生活认真行走的女子。在他们看来，跟这样的女子在一起，每天都会有惊喜和悸动，每天都能收获不一样的阳光和美丽。

女人对自己最大的宠爱，就是在自己漫长而又短暂的一生中，不断地为自己修行，为自己的浪漫人生添砖加瓦。

所以，宠爱，是一种与生俱来的能力，这种能力就是让他人宠爱你的能力和气场，只有你培养了自己宠爱自己的能力，才会有更多的人来宠爱你。

爱情中的门当户对

不是每段爱情的开始与结束，都是至真至纯、无欲无求的，都是让我们难以忘却、难以释怀的。不然我们怎么可能在疯狂地爱上一个人以后，在某个时光的岔口，去疯狂地恨一个人，去绞尽脑汁地忘记一个人？

在这个世界上没有单纯的、无杂质、无所图的爱情。也许有人会说，大学里面的爱情很纯真，没有任何功利色彩。问题是大学里所产生的感情，真的是你想象的那个样子吗？如果说大学里的感情很纯，为什么没人去找比自己低一个层次的人谈恋爱？为什么那么多的大学情侣，毕业以后就说分手？

当下无论是校园爱情，还是社会上的爱情，没有所谓的纯与不纯，而是彼此是否“门当户对”。爱情中的门当户对包括：容貌、身高、学识、谈吐、智力、遗传、家庭、吸引力、生存能力、创造力、和谐性、感知能力、可塑性、包容性、认同性、共通性……

现在大学校园里最流行的口号是“帅哥配美女，恐龙配青蛙”，这是容貌上的匹配。除此之外，还有能力的匹配。毕竟男孩女孩谈恋爱，也需要心灵上的认同感。

恰如有的男生所说：“我要是带个丑的、矮的，或者没有脑袋的花瓶出去，我怎么跟兄弟交代？”女生说：“要么找个高大威猛的帅哥，要么找个潇洒多金的男朋友，要么找个实力雄厚的老公，不然怎么对得起自己的青春？”

当今在大学里面，谈恋爱就如修爱情学分，这早已经是不争的事实。同居的越多，大学附近旅店的生意就越好。毕业以后，又有多少校园情侣，把彼此带回家见父母？而双方父母一是相见，又是一场“门当户对”的较量。

明与静，是从大学时代一路走来的夫妻。他们的结合从表面看是自由恋爱，其实是典型的家族联姻。

明与静同为军校生，某天明无意间遇见了漂亮的女孩静，他动了追求静的想法，只是明追静的念头还不够明朗。后来，经过明四处打探静的家庭情况，才发现静是兰州军区某位高官的女儿，这下明就彻底心动了。毕竟明也属于高干子弟，他自然知道该找什么样的女朋友。

静本以为，跟明结婚，婚姻会很幸福，她庆幸自己找到明这样深爱她的男人。结果让静万万没想到的是，婚后明的大少爷本性完全暴露。什么事都叫静做，经常发脾气，对静不体贴也不关怀，大冬天让静洗他们全家人吃过的碗，换下的脏衣服，帮他管理家庭事务等。婆媳经常闹矛盾，明总是责备静不懂事。

对此，静每天隐忍着（与明婚后的家庭矛盾），还要强装笑脸告诉母亲自己很幸福。每次跟静回家，明都很会讨好静的父母，几乎什么粗活累活都帮忙做。静心里有苦说不出。静想离婚，可能吗？军婚！大家可以想象一下，静与明的婚姻幸福指数有多高。

这个世界原本就没有一无所图的爱情，更不可能会有没有想法与欲望的婚姻。老一辈婚姻中的门当户对，仅仅是家族实力的比拼；年轻一代爱情中的门当户对，更多的是心灵的匹配。如果一对年轻人的爱情，过不了老一辈人的关，他们依然会是有缘无分。

大家不要觉得现在的爱情是自己做主，就如，男人在母亲与媳妇之间的选择一样，母亲只有一个，媳妇可以再找。一个男人如果连自己的母亲都不爱，他会爱谁？爱你吗？即便爱，又会爱几年？就算勉强在一起，一辈子的争吵又有什么意思？

这个世界就是这样让人健忘，爱情也是如此。无所谓相濡以沫，也无所谓相忘于江湖。女孩要想找个与自己条件相当的男人，就得多加努力。毕竟每段爱情都是从一场各方条件的较量与比拼开始，然后才是互相了解、互相欣赏，永结同心。

有句话说得好："一个男人想找什么样的女人，他就是什么样的男人。一个女人想找什么样的男人，她就是什么样的女人。"男人女人背后的品位在于，他有什么样的女人与男人。

爱情中的"门当户对"看似很玄妙，看似可有可无，其实比做任何生意都现实、都直白、都赤裸裸。女孩要想自己今后生活得幸福美满，自身修炼是一辈子的事。所以，学会自我宠爱变得弥足珍贵。

宠爱是一种习惯

茉莉今年刚过四十岁，是一位标准的家庭主妇，她生命的全部意义在于她的老公和她的女儿，她活着的所有意义也是照顾她的老公和女儿。她宁可穿旧衣服，也不会为自己买一身新衣服。她宁可把老公给她的剩余的生活费，拿来给她的老公买烟，也不会拿来打扮自己。

在茉莉心中，幸福的生活无非是让辛苦工作的老公衣食无忧，让正在青春期的女儿专心读书以有更好的未来。而她自己苦点累点、穿差一点吃差一点都没有关系。谁让她家就她老公一个人赚钱养家呢？更何况茉莉的老公也不过是普通的工薪一族，茉莉如果不省吃俭用，又怎能满足女儿上学的开销和给老公的零花钱呢？

每当茉莉的女儿，看着才四十岁的妈妈茉莉，为了家庭放弃自己的追求，放弃打扮自己，放弃作为一个女人在不同年龄应享受不同美丽的生活时，都会有种说不清楚的难过，却不知道如何说出口。

每当茉莉的老公，下班回到家，看着自己的老婆茉莉，像个老妈子一样忙上忙下，片刻不得停息地操持家务，蓬松的头发，凌乱的衣服，多年都没化过妆的脸，他总是出奇的难过酸楚，这个男人在心中不知道抱怨过自己多少次，这个男人是多么没用。

可是茉莉却把女儿和老公对她怜悯的目光，当成一种爱，她觉得他们回家看着她在为这个家而操劳，他们会打心里疼她。

直到有一天，茉莉在大街上买菜，遇到她的大学同学阿芬。阿芬也是一位家庭主妇，她老公与茉莉的老公一样，也是工薪阶层。只是阿芬与茉莉不同的是，阿芬比茉莉看起来年轻时尚，优雅而大气。当阿芬惊讶地看着未老先衰的茉莉时，大吃一惊。

想当年茉莉可是出了名的班花，那时候的阿芬只能远远欣赏班花的绽放。而如今许多年过去，当时的班花茉莉却被生活磨砺成这个样子，阿芬忍不住感慨道：茉莉，你怎么老成这样了，你才四十岁啊……茉莉听到阿芬这样评价自己，忍不住泪流满面……是啊，我怎么老成这个样子……

茉莉与阿芬简单地寒暄了两句，便急匆匆地回了家，站在家里的大镜子面前：一个眼神浑浊、头发渐渐发白的女人凸显在镜子中央，茉莉看着镜子中的自己，多年以来建立的家庭幸福感一下子就崩塌了。

打那以后，茉莉开始尝试着打扮自己，在家庭开支不紧张的时候，为自己做一个头发保养，换一个新发型，有余钱的时候为自己买几套新衣服，不再把女儿那堆不得体的衣服套在自己身上。

茉莉在家没事的时候，会给自己煲美容汤，做饭的时候弄点切剩下的黄瓜做做美容面膜，空余时间看看书，养养花种种草，还学了几个新菜的做法，每晚茉莉一定用热水泡脚二十分钟，一大早茉莉一定会在空气阳光很好的时候出去晨跑。

就这样三个月以后，茉莉在丈夫和女儿眼中，变成了另外一个家庭主妇的形象：这个主妇热爱生活，精打细算，阳光灿烂，笑容迷人，把家庭和自己打扮得美美的，你和这样的主妇相处，你永远能够感受到一股正能量。

对于女人来说，二十岁的时候长得不漂亮，你可以抱怨你妈妈把你生得不美丽。到三四十岁的时候，你依旧把自己倒腾得不漂亮，把自己的生活搞得一团糟，不知道自己活着的意义是什么，或者一心一意为别人而活，只能说明这个女人不够爱自己，对自己不好。长此以往别人也会厌倦你不够爱你自己、糟蹋你自己的行为和作风。

一个不懂得宠爱自己的女人，又有谁敢去爱她，她又有多大能力去爱人呢？一个不懂得宠爱自己的女人是可悲的女人，一个以为宠爱自己，就一定得名牌加身，就一定得金玉满堂的女人，是可怜的女人。一个以为宠爱自己，就是得花多少钱，需要失多少经济开销的女人，是无知的女人。

女人宠爱自己，在任何时间、任何地点都与条件无关，只与自己的心有关。这份心在于宠爱自己的心，在于努力对自己好，努力让自己具备爱别人、愉悦他人身心的能力。这份心在于，在平淡的生活中去寻找宠爱自己的阳光、雨露、鲜花与掌声，对生活的热爱，对自己生命的热爱。女人宠爱自己，是不需要花多少钱的。女人学会宠爱自己，比什么都重要。

人前欢笑人后凉薄，这样的表演已经很久了

有时真的不想让自己长大，就那样活在自己的世界里，就那样活，一直活到老，那该多好，可以相信童话，相信这个世界上的一切美好，相信人与人之间的信赖与安全感，相信人类的善良真挚与怜悯，相信生活中永远不缺乏纯真与感动，相信可以相信的一切一切，就那样傻傻地笑，呆呆地望着天空，背靠着大树的绿阴，依恋着花儿的芬芳，天是那样蓝，心是那样简单，就那样静静地、静静地望着天空，在故乡的怀抱里，寻找着最初的感动。

可是人越成长，越容易遗忘最初的自己，越觉得人心是那样难以理解与不可理喻。人与人之间的关系变得越来越复杂，人与人之间可以相信的越来越少，可以留住的瞬间越来越有限，防备与猜忌成了主流，算计与诡秘成了成长的一部分，就连心的坦然与感动都变得遥远。

我们总是在适者生存的教条下做事，把自己包裹得好好的，装作老练与沉稳的样子，装作对一切都毫不在乎的样子，装作自己很强大很了不起的样子，其实我们都是寂寞的，寂寞的不仅仅是心，还有我们那疲惫不堪的灵魂，戴着毫不在乎的面具，就那样把自己掩饰得很好很好。

其实真实的自己又是什么样子？逃避成长，逃避责任，逃避不愿意面对的人与事，逃避一切，只想活在自己理想的世界里，不愿意去接受别人，也不轻易相信别人，就那样安静地躲在一个角落，静看窗前的花开花落，眼底下的黯淡与忧伤，无人可以诉说。

只有当一场突如其来的灾难席卷了亭台阁楼里的一切一切，你才在蓦然回首中发现自己的脆弱与无助，却又不得不打起精神伪装坚强，人前欢笑人后凉薄。也许这样的表演已经很久了，可以在表演中暂时忘记自己内心的惆怅与悲痛，可以短暂时忘支离破碎的家，可以张开双臂勇敢地走，一直走到无人知晓的

尽头，走到某个无人知晓的角落毫无顾忌地哭泣。

越长大越孤单，越长大越不安，却又不得不长大。即使在孤单寂寞的岁月里忍不住号啕大哭，又能怎样?

生活还在继续，直到自己明白自己很累很累的时候，直到发觉自己再无力支撑的时候，我会安然无恙地回到故乡，回到我向往的地方，放声地哭泣，让悲痛化为力量，在异乡继续寻找，找到来时的航向，你要坚强，你一定要坚强……

或许，我们都忘了如何去寻找幸福？

当代人都渴望自己过上有房有车有固定工作，高收入高品位高质量的生活，可以做到真正的衣食无虑，也可以随心所欲地释放自己，往往这种生活最让人羡慕，也最让人觉得可望而不可即，而就算有些人过上了这样的生活，日子久了也会觉得不安。.

人是奇怪的，看似对什么都要求过高，而实质上又对很多事物没有要求。所谓的“镜中花，水中月”，经历过的人认为不值一提，反而是没经历过的人，总觉得在那些前所未有的奢侈品面前，只要拥有就等于有了完整的幸福。

所谓幸福只是个人的感觉，我们每个人都无法炮制，就算有些人身在陋室一样可以感受到“惟吾德馨……谈笑有鸿儒”的境界，而有些人就算生在天堂，也依然无法体会到天堂的真实与美妙。

幸福就像浅浅的画卷，看起来如行云流水无法捉摸，但其实很好把握。一杯水的幸福，一句鼓励的话语带来的幸福，比一桌丰盛的饭菜、一场豪华的婚礼更沁人心脾。而骄傲无知的现代人往往忘记了幸福的实质，宁愿舍弃，也不愿意把握指尖的幸福。不知是人的攀比心理过于强烈，还是有的人穷怕了，一旦发达就开始各种显摆。

在这个什么都说不清楚的年代，家不再是我们停泊的温情的港湾，爱情不再是我们魂牵梦萦的依附，甚至连亲情与友谊都在生活面前失去了颜色。我们往往最在乎的是我们自己，最在乎的是我们的得失，最在乎的是我们所在范围内的从属位置。现代人追求幸福就像追求物质的充盈般执着，丝毫不去管以后的萧瑟，只要可以把握眼前的利益与风光，就可以沉醉到底。

人生就像一场游戏，不需要设想戏如何开场，我们最在乎的是如何结束，所以幸福之于我们已经成为很奢侈与微弱的东西。就像成就感迎来以后的盲目与绝望。幸福到了当代终归是无影无踪的东西，毕竟适应生活比赢得幸福要来得容易得多，也许我们都已忘记了如何去寻找幸福。

其实有时候只要多留意身边的点点滴滴，我们就会发现幸福一直在我们身边。当我们刻意去寻求幸福，或者企图以过激的方式去争取幸福的时候，幸福已在不经意间消失了。有时候幸福就像只猫，我们只需要认认真真地做好自己的事情，无须刻意去寻找或者急功近利地去争取，我们就会在蓦然回首中发现属于自己的幸福，就像我们爱一个人或者被一个人所爱一样，无论这个人是什么样子，他都有爱与被爱的权利，而爱人却是自己的事，就像猫对你的爱一样，也是属于它个人的事，刻意地去做一些猫不喜欢做的事，就像刻意让人做自己不喜欢做的事一样让人反感。

幸福在于，相爱的两个人成为彼此的骄傲

在情感世界中，最需要的也许不是什么甜言蜜语，不是所谓的物质与比拼，而是相爱的两个人携手共进成为彼此的骄傲。

曾经读过刘墉先生的一篇小文，说的是一对夫妻。

丈夫是位名不见经传的画家，有次去参加美术展览，在众星云集的场合里，这位丈夫显得并不出色，甚至遭到同行的排挤。

然而这位丈夫的妻子却依然用仰视的目光望着自己的丈夫，她的眼神里折射出来的是赞赏与认同，尽管只是瞬间的画面，却昭告众人，即使大家都不看好他，但在我眼里他是最优秀的。画展结束以后，画家的妻子默默地为丈夫收拾好行囊，愉悦地离开了会场。

在这样的故事里，我们不难看出，爱的形式有很多种，爱的内容却是很简洁的，有时一句话一个眼神足矣。

《飘》里的白瑞德为什么会对郝思佳恋恋不忘，那样痴迷？也许不仅仅是因为郝思佳的美貌，而是因为郝思佳的个性，在桀骜不驯里面，带着更多的刚毅坚强与执着。

即使在动乱年代，她也一如既往的大气果敢，即使郝思佳没有了爱情，她依然相信明天又是新的一天。这样的郝思佳，难道不可爱吗？这样的女子，难道不值得欣赏吗？

一个女人只有做到了人格上的独立、物质上的自给自足，她才能去跟男人谈平等，她才能不做爱情里的俘虏与逃兵，她才能做她自己。

《简·爱》里面的家庭教师爱上了自己的男主人，面对在男主人自以为是的伪装与浮夸面前，她显示出来的那种气度，为追求灵魂与尊严的平等而呈现出的姿态与魄力，而后为他们的爱情报做出的牺牲，试问天下有哪个男人不为这样的女人喝彩动心？

爱情里也许存在着所谓的技巧或者其他的东西，当我们去分割去琢磨去追求一些东西的时候，总会在某个时候感慨，原来爱情的本质不在于谁是谁的谁，而在于相爱的两个人成为彼此的骄傲，相爱的两个人可以以对方为荣，只有这样的爱情才会让人明白天长地久的意义，也只有这样的爱情才不会让人迷惘地问：永远到底有多远？

一如维拉王的话："女人需要有勇气做真正的自己，探索真正的自己，结婚也好，订婚也好，实质都是在创造生活，都是一个通过经历不同的事情获得知识与智慧的过程。即使这个过程很痛苦，有时让人难以接受，但如果你能坚持到彼岸，你就能为真正的自己，以及你的爱人带来丰富的收获。"

把你放心里的人，一定是值得你去珍惜的

很久以前，一个男孩与一个女孩相恋了，他们爱得质朴而真实。一天，男孩回家后兴冲冲地从兜里掏出一个很小的苹果，像变魔术一般，呈现在女孩面前。男孩有些不好意思地说：宝宝，我今天中午在外面吃的盒饭，他们还赠送了一个苹果给我。我把饭吃了，把苹果带回来给你吃。

那是一个很小的苹果，边缘甚至有些坑洼的迹象，女孩看着男孩从公司里带回来的苹果，不知怎的眼睛润润的。女孩接过男孩手中的苹果，洗得干干净净，用刀把苹果分成两半，两个人甜蜜地吃起了那个苹果。

多年以后，女孩与男孩分道扬镳，但时至今日女孩回忆起那一幕，依然觉得温暖无比。

女孩对另一个女孩说，家里的苹果没放几天就坏了，幸好有几个苹果是好的，假如我早上睡懒觉醒不来，你把坏苹果留

下，把好苹果带在路上吃。

第二天早晨那个女孩走后，女孩迷迷糊糊地醒来，看看桌上的苹果，又回望另一个篮子里的苹果，不知怎的，女孩突然流泪了，因为那个女孩把最好的苹果留给了她。

有时爱就像苹果，看似平淡却又意义非凡，不管是友谊还是爱情，真正把你放在心里的人，一定是最值得你去珍惜的人。即使当初你不明白其间的真谛，但当你蓦然回首想起一些往事时，便会恍然大悟，原来曾经拥有过的爱情那么纯真。

等苹果成熟以后，在时光的某个岔道口你才发现，属于你的苹果依旧属于你，因为你曾有过如此珍贵的回忆，你还有什么不满足呢？

爱情与友谊看似纷繁复杂其实很简单，简单得像一个苹果，最重要的是，看这个拥有苹果的人，用什么样的方式去对你，又用什么样的爱与关怀默默地守护着你。

即使你们终有一天会远航，岁月的点滴感动也会给你无穷无尽的力量。那个赠予我苹果的男孩是我的初恋男友，那个把好苹果留给我的女孩是我最好的朋友，想到这些我又有什么好遗憾?

因为他们都曾经把最好的留给了我，即使一个早已离开，一个依然在和我并肩作战，而爱如苹果，舍得把最好的留给你的人往往是最疼你的人。

幸福是一种心情

幸福是一种心情，如糖果的滋味，细细体会，甜在心里，润在唇间。但遗憾的是，不是所有人都会感受到幸福的滋味，也不是所有人在幸福来临的时刻都懂得珍惜，即使我们在冥冥之中感应到对方的存在，也会在某个瞬间忘记了对方是谁。

在人来人往的都市街头，总会有别样的风景在诱惑着我们的同时，又遗忘我们的存在，风景虽美，却无法让我们彼此找到幸福的归期。幸福有很多种，唯独我们渴求的那一种无法得到，不是我们要求高，也不是我们对谁心存芥蒂，而是我们无法将就自己、将就生活、将就未来。

因为我们总可以从微小的细节中发现某些美好的事情，在不经意的过往里想起某些事情，即使我们无法缓解内心的沉寂，至少可以舒展我们的心情。

幸福就像晨光中的迷雾，看似蒙眬却又清晰，看似浅显却又真实。我们总以为，幸福在某个时间点里离我们而去，其实不是我们自己在逃离幸福，而是我们忽略了自己的心情与感受，忽略了我们原本可以获取幸福的感动。

就如我们遗忘了我们本有的灵魂世界，遗忘了我们心底的期盼，淡忘了爱，淡漠了幸福。幸福，可以与爱情有关，也可以与爱情无关，关键看你如何调适心情，如何去调整你的心境。

当幸福来敲门

幸福是什么样子的？对于一些人来说是一种微小愿望的满足，只要这个愿望满足了，他们就会平添一份幸福；对于另外一些人来说是一种奢侈，华美的生活给他们带去了物质上的满足，但也平添了几许不安。老天总是很公平的，它会给我们一种想要的生活，也会给我们一些不想要的东西。

人生有时候像一场悲剧，可悲的是，我们总沉迷于悲剧之中，让自己无法动弹，仿佛全世界都在抛弃我们。其实人生的悲剧往往不是我们被世界抛弃，而是我们主观地认为世界抛弃了我们。我们喜欢把自己藏起来，喜欢让自己不去接触人群，其实在自己压抑和不满的背后，是我们的胆怯与懦弱在作怪。

人生有时候又像一出喜剧，上帝给我们关上一道门的时候，必定会给我们打开一扇窗。毕竟天空是蔚蓝的，在蔚蓝的天空之下，总有一扇门是属于我们自己的。也许幸福对我们每个人来说就像那一扇没有开启的蓝色大门，在大门紧闭的时候，我们一定找不到天窗的方向，因为这里藏着我们对人与事的傲慢与偏见。

人类原本简单，因为有了名利物欲的渲染与烘托，一切才变得复杂起来，人性也就变得难以捉摸起来。也许我们缺乏的不是物质，而是一份实实在在的幸福感，足以使我们摆脱不安的幸福感。当你感觉不幸福的时候，可以试着回想一下自己的幸福瞬间。这些微小的幸福瞬间构成了我们的美满人生，至于其他的其实没那么重要。很多人都说感到很不幸福，为什么幸福总是去敲别人家的门而不是自己的门，那是因为你自己本身就把幸福拒之门外，喜欢追求一些虚无缥缈的东西，不喜欢过脚踏实地的生活。

人之所以不幸是因为欲望太多，欲望多了，就很难回归真实的生活。其实幸福真的很简单，简单到一日三餐，简单到人与人之间清澈的笑容，简单到一句温暖的话语。

女人最大的成就是婚姻美满

每次看到牵手逛街的老人，彼此眼底不经意流露出来的温柔，我都会感到深深的羡慕，不是所有情感都会有如此温馨的结局，不是所有婚姻都可以从一而终，不是所有的爱与被爱都可以相伴到老。

我羡慕那些能够相濡以沫的人，也羡慕那些“执子之手，与子偕老”的人，似乎他们从来就那样年轻，从来就那么恩爱。

我们每个人都渴望这样的幸福，这样的相守，相互照顾着彼此，以彼此的幸福为己任，以彼此的幸福为自己的幸福。要知道他们可以拥有这样的幸福，也来得相当不容易，不是谁都会成为谁的一辈子，不是谁都会百看不厌地守着谁过一辈子。

当我们年轻的时候，我们总可以遇见一些人，总可以为一些人不顾一切，当然也会在得到与失去间感到彷徨无助，感到力不从心。但是我们依然在不停地寻找幸福，不停地追逐幸福，我们渴望遇见和自己想法相同的人，让彼此感到温暖感到幸福。

于是乎我们找啊，找啊，在街头巷尾，在慢条斯理的胡同，在吴侬软语的弄堂，不知是我们运气不好，还是我们的要求太高，感情的痛总不经意间刺伤心房，人性的凉薄也让我们望“爱”却步，于是我们迷茫、彷徨，忘记了如何寻找幸福，也忘记了如何去爱。

当我们用真诚来对待他人的时候，他人却用伪善利用我们的感情；当我们原以为此人会给我们带来幸福的时候，却发现那只是我们梦里的场景。渐渐地，我们淡忘了幸福，转而开始寻求事业上的满足。而当我们的事业达到顶峰时，原本以为事业上的成就可以带来幸福，而实际情况却是依然无法感受幸福，也依然无法给予别人幸福。

其实，一个女人无论她多美丽或者多能干，她最终渴望的还是家庭幸福，她最终渴望回归的还是家庭。一个没有幸福感的女人是可怜而可悲的，一个只要事业不要爱情的女人是贫瘠而萧瑟的，一个只喜欢游戏爱情却不懂得珍惜爱情的女人是悲哀的。因为她们都无法获得幸福，或者她们忘记了她们也曾那么接近幸福。

麦当娜曾经对媒体说："我最幸福的时候是守着我的丈夫与孩子的时候，而不是在舞台上。"女人不管在事业上怎么闪耀，最终还是得建立家庭，最终还是得回归家庭。诚如希拉里可以忍受克林顿的不忠，继续他们的婚姻，还处处维护着他，有时爱的宽容会成就一种幸福。

女人的幸福有很多种，唯独爱情婚姻幸福才是最完美的幸福；可以和一个爱的人牵手一生，才是最大的幸福。女人这辈子最大的成就感不是拥有多大的事业与多少资产，而是是否拥有一个可以"执子之手，与子偕老"的好男人。

问世间女人能够实现这种夙愿的有多少，问世间在情场与商场拼杀得遍体鳞伤的女人，你们是否对幸福对情感感到无能为力，而至于怎么走下去，是需要智慧与眼光的。一个女人在经营事业的同时，不要忽略了寻找自己的幸福，即便艰难。因为女人最大的成就是婚姻幸福美满，愿我们学会彼此珍惜，当我们珍惜自己所爱的人时，也是在珍惜我们自己的幸福。

你该学会选择生活，而不是将就生活

也许一个女人的一天，与一个女人的一生并没有太多的区别，特别是当这个女人在某年某月的某天，遇到某些人与事的时候，对镜梳妆：窗外繁华依旧，而自己心底却无限凄凉。

主人公达洛卫夫人是上流社会一位光彩照人的中年贵妇，有次，她在为丈夫筹备晚宴的时候，遇见了她曾经的初恋情人，那位当年最为浪漫的摇滚歌手彼得·沃尔什，彼得·沃尔什的出现为达洛卫夫人纸醉金迷的上流生活带来一份希望的同时，也带去了绝望。

因为彼得·沃尔什在达洛卫夫人面前跳楼自杀了。达洛卫夫人为初恋情人在自己面前放弃生命深感悲痛的同时，也依旧为他内心所保留的纯净而心生安慰。

之后，达洛卫夫人继续筹办她的舞会。在喧哗的舞会上，达洛卫夫人意兴阑珊地邀望天空，对面房子里的老太太安静地睡去，屋内一片漆黑，然后，达洛卫夫人对自己说："不要再害怕烈日炎炎。"达洛卫夫人早已厌倦了她现在的生活，也厌倦了她曾经觉得必须拥有不可的荣耀与享受不完的荣华富贵。她突然感到这样的生活不过是在迎合当议员丈夫的身份。

只不过达洛卫夫人，没有前任法国总统萨科齐的前妻塞茜丽娅那般勇敢，塞茜丽娅在萨科齐获得总统的职位以后，优雅地转身离开。因为塞茜丽娅觉得自己已经无法帮助丈夫再做些什么了，似乎在自己的丈夫功成名就以后，她成了多余的人。多么有个性的塞茜丽娅，多么有特色的女子，只不过这世间又有多少女子，能够像塞茜丽娅那样敢作敢为，甘于放弃风光与荣耀去追寻自己的幸福？

一个女人在她年轻的时候总是会有无数的选择，只不过女人的务实与寻求安稳的心，总会使她们偏向于带给她们安定的人，尽管在她们内心深处最爱的还是自由漂泊的男子，但最终她们都会选择最爱自己的人结婚，把曾经爱慕的浪子放在内心的最深处。

每个女人，都想在自己最年轻漂亮的时候把自己风光地嫁出去，做有身份人的妻子过体面的生活。殊不知这样的生活也会有变质腐烂厌倦的一天，这样的生活依旧是水上浮萍。男人们总觉得女人要得太多，不容易满足，其实女人们要的真的很少，无非是和爱的人在一起相伴到老。遗憾的是就是这样微小的要求，要满足起来也是极其困难的，毕竟社会的现实与生活中的风雨，使得女人无暇认真思考，爱情婚姻生活的初衷与意义是什么？

假如每个女人都如达洛卫夫人一样去思考，她们的生活又会怎样？生命中的爱与恨，就像生命的起始与回落一般，终归都会在自己生命的最后一天，回到那个心驰神往的驿站。最终伍尔芙并没有让达洛卫夫人以自杀谢幕，而是让另一个青年代替她解脱了自己。

就如英国意识流小说家伍尔芙在《达洛卫夫人》中所说的——“人类既没有善心，又没有信念，也没有宽容，有的只是能增加眼前快乐的东西。他们成群结队去猎食，他们一伙伙搜遍沙漠，尖叫着消失在荒野里……让她于芸芸众生中窥到了灵魂的真相，残酷却又实际——我们的自我像深海里的鱼，在昏暗中来往，穿梭在巨大的水草之间，游过阳光闪烁的海域，不停地游向前去、前去，游向幽暗、寒冷、深邃、不可思议之处。”

《达洛卫夫人》告诉女人要学会选择属于自己的生活而不是将就生活，包括对生命存在与消失的最根本的探讨。也许爱一个人需要勇敢需要全身心地投入，即使没有保障的社会让我们遗忘了爱的本质，遗忘了爱一个人的奉献与无悔。

然而，当一个女人年老的时候才发现自己的生命如达洛卫夫人那样一直做着别人的道具，迎合的是别人的生活，那该是何等悲凉。有时婚姻中缺少精神支柱比物质贫乏更可怕。因此，身为女人，你该学会选择生活，而不是去将就生活。

无论男女，安全感都得自己去寻找

我们总是觉得，当一个人深爱着我们的时候，我们就会有安全感。当一个人爱我们还不够的时候，我们就没有安全感。其实，关于安全感这件事，不是别人给我们的，是我们自己给自己的。

一个人拥有足够的安全感的前提，在于他足够宠爱自己，足够宠爱自己的身心。他的内心足够强大，强大到不管成功还是失败，他都能卸下伪装成熟的面具，真诚地对待别人和自己。

盈盈：芳龄二十五岁，不敢谈恋爱，她时常对人说，现在的男人信不过，甜言蜜语的多，真心实意的少。

莹莹：二十八岁，还从没谈过男朋友，她怕自己被男人给骗了，所以与其受伤不如在家里宅。

琳琳：三十二岁，精英、骨干、白领，挣得钱多，房子车子都有，谈的恋爱不比男人少。比她弱的男人她信不过，主观地认为那些男人只爱她的钱。她爱的男人却都觉得她年纪大了，不好生孩子，久而久之琳琳继续做着她的黄金剩女。

强强：三十岁，一个帅气的大小伙子，什么都好，就是不知道怎么哄女孩子开心。凡是强强遇到的女孩子，无一不说强强是好人。强强为此很委屈地说：我是好人，可是女孩子不喜欢我，我是女人的“创可贴”。

这些都只是都市里我们常见的。在每一个孤男寡女的背后，都有一部连续剧。连续剧的开头：“男人信不过，没一个好东西”；连续剧的结尾：“女人太不靠谱，养不了家”。所以这些孤男寡女即使在家养猫养狗，闲得无聊看韩剧，加班加点挣钱，都不会去找个人好好谈恋爱，也不屑对任何人付出。这些人都有个共同的特征：对感情绝望，对男人女人没有安全感。

在这个浮躁的社会，男女之间的情感也变得有些模糊不清。一个人的年纪越大，对待情感就越理性，即使对方把心挖给你看，你也认为那是言情剧。

繁华的欲望都市，本身就很难给人安全感，很难让人没有目的不看任何附加值地去爱一个人。毕竟爱一个人受伤的代价，比事业上的挫败感更让人难以承受。你事业失败了，可以重新再来，再学习再应用，说不定哪一天就出人头地了。而你在爱情中受伤了，基本就成了一道难以磨灭的伤疤，即使结疤，依然会疼痛。

爱情从来就没有回到过去，或者从头再来一说。所有的爱情，都是以活在当下为基准。当我们在说“我对爱情缺乏安全感，我不敢去爱人，我怕爱人”时，这何尝不是对自己爱人能力的否定?

也许爱情在现在这个社会很难让人相信，很多人走到最后都把习惯归结为爱情，归结于婚姻。这世界上原本就没有谁离开谁就活不了一说，爱情更是如此，与其千疮百孔地去爱人，不如等待被人爱，等待被爱的安全感。

正因为这世界上的男女等爱的多了，爱人的少了，所以这世界上的男女都开始纠结爱情的安全感了。事实上，在现在这个社会，无论男女，安全感都得自己去寻找。

无论恋爱还是结婚，只有自身强大自信，才能赢得对方的尊重！这种强大的自信不是你要物质事业多丰富，而是你有足够的力量来扶持你们携手共进的人生。

爱情在某个时候不是做选择题，婚姻在某个时候不是做证明题。男女的安全感都是在自我进化中去做加试题。相信爱，然后认真爱，即便受伤，也相信真爱至上，唯有这样我们才能在尘世获得幸福。

傲慢与偏见人人都有，关键是要做个让人尊重的人

家境贫寒的凌凌常常衣着寒酸地出现在众人面前，可是所有认识凌凌的人，并没有因为凌凌寒酸的境况而轻视她，反倒都非常尊重她。

也许有人会觉得奇怪，为什么大家都对这个凌凌如此优待？假如你有机会接触凌凌，你就会发现在她身上投射出来的品质，首先是她懂得感恩，你对她好，她就会对你更好，你请她吃饭，她就恨不得把自己身上唯一的东西拿给你交换。你帮助她，她也一定会在你需要帮助的时候，第一时间去帮助你，就算牺牲自己的时间，也要完成你委托她的事。

凌凌像极了夏洛蒂笔下的《简·爱》，她曾告诉我说《简·爱》给了她生命的信念，那是一种自强不息的精神，厚德载物的情操。

我相信喜欢《简·爱》的女孩子不在少数，但是真正可以

做到如简·爱的女孩子并不多。毕竟简·爱过于老土了，她不会追求名牌，不会被物质所麻痹，她总是先做好自己的事。尽管她在面对很多让自己无能为力的事时，骨子里会生出一种自卑，但是这种自卑会激励她更努力地做事。

尽管很多人都说，只要女孩子有个不错的文凭，富裕的出身，漂亮的脸蛋，就拥有了走向社会与婚姻的唯一可靠的通行证，但实际上往往事与愿违，毕竟一个人对另一个人从感性到理性的认识是需要升华的，所以漂亮的脸蛋、不错的文凭、富裕的家庭不是通行证，它只代表起点高的女孩子，比一般家庭的女孩子更容易做成自己想做的事。

遗憾的是，当今社会迷失自己的女孩子很多，甘愿让自己像凌凌、像简·爱那样生活的女孩子太少。有时一个人贫穷并不可怕，可怕的是缺乏自省的心。当今社会一些女孩往往急功近利地去追求一些东西，到头来看似得到了很多，其实什么都没有。就如亦舒笔下的喜宝，当她得到的钱足够买她需要的任何东西时，可惜她已经不知道要买什么东西了。

一个女子想在社会上获得别人的尊重，首先要树立正确的人生观与价值观，其次要明白不攀比、不卑躬屈膝是为人应有的态度。最重要的是一定要明白：这个世界永远没有白吃的午餐，什么事情都得靠自己努力去争取。

一个人能够成功除了需要点运气外，更需要百分之百的努力与奋斗。一分耕耘一分收获，老天绝对不会辜负努力奋斗的人。只有经历过人生风雨的人，才会明白优秀品质的意义。

就像女孩子对待爱情与生活的态度，不要看一个人对你说了些什么，关键是看那个人为你做了些什么。说跟做是两回事，真正用心为你做事的人，才是你这辈子可以信赖的人。就像凌凌一样，把什么事情都埋在心里，但做的事情却又那般让人暖心。傲慢与偏见人人都有，关键是要做个让人尊重的人。

一个女孩子要做到让别人尊重是不容易的事，只有别人发自内心地尊重你，你才会获得灵魂上的幸福与满足。

第三章

舒缓下来，当爱不能成为习惯

其实人生的意义，

不在于你经历了多少份情感，

不在于你经历了多少个人，

而是你经历的人和情感，使你学会了认识你自己。

爱情与感动无关，与感觉有关

世间的男男女女都喜欢玩猜猜猜的情感游戏，运气好的你猜对了一个人的情感，并且那一个人也钟情于你，幸福很快就属于你，因为你们彼此相爱了。

运气不好的，你爱的人不爱你，你总是想方设法让不爱你的人爱上你，可惜感情不是数学方程式，谁都不清楚在加减乘除中，为何别人会去掉你的最高分与最低分，到最后综合分数达不到期望值，即使你再怎么努力你爱的人不爱你还是不爱你，难过与内心的挫败在所难免，你始终搞不清楚为什么你爱的人不爱你。

同理，当你面对死缠滥打吵着要爱你的人时，你又对他们丝毫提不起兴趣，有人说“人天生是犯贱的动物”，别人明明对他好得不得了，他偏不领情，偏偏要去讨好对他不好的，甚至异想天开地想让感动化为爱情，可是感动终究不是爱情。

所以爱情与感动无关，与感觉有关，越来越多的人更注重内心的感觉，而不是生活中的点滴感动，毕竟可以让我们感动的事物太多，让我们有感觉的人太稀少了。

“Fall in love at the first sight.”美妙的罗曼史，是很多人都期待的，两个互不了解的人通过彼此视觉的吸引融入彼此的灵魂深处，那是一种什么样的魔力?

虽然有很多人说一见钟情并不容易，但是依旧有无数人为之醉心，也许只有这种方式才让人更接近爱情本身。

在英国电影《诺丁山》中，举世瞩目的女明星一见钟情于一个普通旅行书店的老板，并且两人最终走到了一起，这需要多大的勇气？女主角对男主角说的那句“I'm also just a girl，standing in front of a boy，asking him to love her. ”令无数人感动，谁说女明星只是游戏人生，不需要爱情，谁说女明星只喜欢带有物欲的感情?

如果一个女人爱金钱多过爱情，那是因为她在寻找安全感寻找自己存在的价值，不是她不爱人，而是没找到爱的感觉。

男人也一样。

毕竟爱情都是需要得到相爱的人的回应的，而不仅仅是单方面的付出，另一方被动或者暧昧地接受，这样对爱他的人不公平。

有时拒绝一个爱你的人是对他仁慈而不是对他残忍，有时怀着被动的心情去接受一个你不爱却让你感动的人是对自己的不负责任，是对他的欺骗与不尊重。

现代人总喜欢在爱与不爱的模糊中去感受自己的存在，最终受伤最深的是那个在爱中沦陷的人，好多时候爱与不爱是需要分清楚的，爱情与感动没有关系，那只是一种被爱，真正的爱还是需要感觉的。

没有感觉只有感动的恋爱，痛苦的是两个人，相反感觉可以缔造出爱情的奇迹，即使两个人身份悬殊，因为彼此心动的感觉存在，依然可以创造爱的奇迹。相信爱，相信彼此爱的感觉，相信爱情与感动无关与感觉有关，最终我们都会走向幸福。

男人教会女人的那些事

女人的一生只有两个字去形容，那就是“成长”。关于女人的成长，除了跟她周遭的生活环境有关以外，还跟她身边的男人息息相关。女人在最亲近的父亲哥哥那里，学到了最初与男人相处的模式：互敬互爱，过小公主似的生活，享受随时随地的温柔体贴，被人宠爱。

女人经历了不同的恋爱，经历了所谓的爱与不爱，不管是两小无猜、初恋、网恋、再恋、异地恋、暗恋……总之女人在不同时期，碰到不同的男人，都足以让她们在男人身上寻求到成长的意义，并且这种成长很多时候会影响女人的一生。

一个女人无论多理智，她仍是情感动物，就像一个女人无论多优秀，在她背后一定有一个或者几个男人，曾经在她最为困惑的时候支撑了她。毕竟女人的一半是男人，幸运的女人遇上一个好的男人足以支撑她一生的梦想，即使她和这个男人失之交臂，她依旧会心存感激；而不幸运的女人，遇上的男人也许是她一辈子的梦魇，如果她能够从梦中醒来，依旧可以心存感激地谢谢那个男人激励她成熟，她的故事也叫成长。

关于男人教会女人的那些事情，就像女人教会男人成熟一样。在两性的纷争之中，男女之间的关系源于感觉，起于生活，终于感动。所以我们不难发现，一个女人的成长和一个男人的成熟，与男女之间的爱与不爱息息相关。

假如一个男人开始厌倦一个女人，他不是不喜欢你，而是他还不知道到底喜不喜欢你。女人这时候去问你是喜欢还是不喜欢我，得到的答案无疑会是沉默。男人是行动派的动物，如果他喜欢一个女人他一定会跑得飞快，这属于二十五岁以前的男人。

当男人过了二十五岁，大男孩变成了小男人，他开始想这个女人究竟适合不适合自己，去追求这个女人的风险有多大？当男人到了三十岁以后，关于感情的东西日益减少，更多的想法是找个女人凑合过日子，而不是风花雪月。人到了一定年纪想得更多的是安定，不需要太多爱情与华丽的辞藻，爱情让人生厌，而稳定的家庭生活才能够让一个男人真正成熟起来。

当一个男人经历了婚姻的波折，想在婚姻以外寻求新鲜感或者出轨，他想得更多的依旧是怎么满足自己眼前的欲望，而不是给自己欲望的女人一个家。所以当一个女人经历一个有妇之夫的伤害或者带来的伤痛的时候，这个男人给你的除了可怜的物质与所谓幸福的精神摧残以外，什么都没有，这基本是三十到六十岁的男人外遇的通性，除非这样的女人是邓文迪，李嘉欣，或者真的能够在事业上助他一臂之力。亲爱的女人们别忘了，男人也是见利忘义的动物，而不只有女人贪慕虚荣。

当一个男人告诉你他很喜欢你，很爱你，很想见你，或者想要你的时候，仅仅代表他此时此刻的心情，越老的男人越像螃蟹，往往是八只脚在走路，具体怎么走他们是需要身心一起行动的，所以女人不要傻得听信男人带有时限性的承诺，然后再质问男人，也许他们都忘了。

在男人教会女人的那些事中，女人应该明白的是：女人的人生是自己给自己的，女人无论经历多少男人都不重要，男人给女人多少物质也不重要，重要的是女人如何跟男人相处，如何辨别男人对你的真假，如何在男人对女人善意的欺骗中明白：男人做这些仅仅是教会了女人成长。

当一个女人慢慢在男人的欺骗中，不断地去相信男人，去尊重男人，去善意地引导男人成熟，在男人的成熟与女人的成长相互交替中我们会发现，其实这世界上的男女之所以怕付出真爱，之所以爱说谎，是因为他们缺乏安全感，对对方不信任，他们更怕失去，所以他们不敢勇敢地去爱。

同居的诱惑远比寡淡的生活来得残酷

同居成了当代人感情取暖的方式，简称为试婚，直白一点说要么是为了结婚做准备，要么是为了分手做准备。

而今同居成了新新人类的时尚，被视为人性对自由的追求的一种升华。

天亮以后说分手的爱情，远比同居里的朝朝暮暮来得令人压抑与难以释怀，爱情里的新鲜感，远比同居里的“现形战争”来得猛烈。

当热恋中的公主与王子卸下伪装把一切展露在屋檐之下，当公主与王子的生活碰到柴米油盐，一切不是问题的问题都成了问题。

现实就是如此残酷，有人把同居比作节约能源的方式，也有人把同居比作解放束缚的方式，更有人把同居看成婚姻以外、欲望之内的港口。

如今说到男女同居吃亏的问题似乎有些周瑜打黄盖，谁都别说谁的好与坏，对于一个成年人来说，既然你选择做一件事情，不管结果如何，你都得承担相应的风险。

这里不存在谁吃亏谁幸福的问题，没有人逼你去做一些事情。

有时不是说一个女性开放或者保守有什么不好，假如女性学不会在同居中保护自己，估计没有人可以救得了你。

关于女性妇科病的问题，也许是同居中最容易忽视却又最让女性身心受到重创的大问题，同居年龄最好在二十岁以上，年龄越小越不适合。经过连续三次以上人流，以后不孕不育的机会会非常高，双方卫生做得不好，得妇科疾病的机会更高。

现在很多小女孩不懂事，根本就不知道如何爱护自己的身体，珍惜自己的情感。一个连自己的身体都不懂得爱护，连自己都不懂得尊重的人，谁又会真心爱护你？企图让男人去爱护女人的身体，还是比较困难的，就像同居的后果，往往都是女的受罪，假如经济条件不允许，去一些很垃圾的诊所，那会带来什么后果？

我敢肯定地说，没有哪个女人不是把同居当成感情的过渡而不想跟男人结婚的，遗憾的是当今的男人愿意承担责任的不多了，更别说大学里的小男生。他们懂什么？所谓的爱情也不过是修学分，毕业以后又有几对同居学生恋人不分手？不要跟我谈享受或者今朝有酒今朝醉，女人在感情问题上输不起的多，赢得起的微乎其微。

就算毕业以后同居，经济条件不允许只是借口，真正爱你的人不会天天哄着向你承诺美丽的未来，又不敢给你婚姻的。

虽然离婚这个字眼不好听，有一张纸也不算什么，但至少你们同居是合法的，至少哪个男人骂你让你别多管闲事，质问你是我什么人的时候，你可以理直气壮地说，我是你老婆，我就该管你。

如果一个女孩跟一个男人没名没分很多年，就算你没怨言你的父母亲戚长辈他们难道就没想法吗？女孩你要知道真正爱你的人是不会勉强你做任何事的，不要把男人的私欲当成爱情的借口，或者那只是他试探你的一种方式。

你愿意上钩他也愿意享受，你不愿意也没人会强迫你，倘若他连这点都无法尊重你，早点离开这种男人比较好，他爱的是你的身体，而不是你这个人。这里没有开放与保守之说的，只是看彼此爱情的纯度与深度。

三十岁以前的男人混事业，他与你同居不是给不起你名分，而是怕你成为他的拖累，不用说什么没房子车子条件不成熟那都是哄女孩的借口，他只不过不想被套牢而已。

三十岁以后的空心菜，不是给不起承诺而是他们见的事情多了，也就没心了。所以想同居还是算算利益得失再说，别到时候因为什么个性不和的借口而被抛弃，那怪不了谁的。

虽然谈恋爱与结婚是两回事，但假如一个人男跟一个女人谈恋爱不是为结婚做准备而是为同居找借口，那还不如不谈恋爱。

同居里的试婚与恋爱里的磨合期成熟期都是相通的，任何爱情的保鲜期或者任何一种婚姻中的相依相伴，都是以包容珍惜为前提的，做不到这些，同居与结婚都只是一时冲动，而不是一生的选择。

至少在中国现行条件之下，结婚还有一张纸，况且那张纸还受法律保护，而同居呢？谁愿意去保护你？

女人的青春都是很有限的，在有限的青春里享受爱情享受生活的同时，也得学会享受生活的本身，懂得爱自己的人，爱别人是不难的，不爱惜自己的人，企图用同居锁住一个人的心，那是笑话，人最终是用上半身在做决定，而不是用下半身思考问题。

同居越久，了解越深，结婚的欲望越小，这是不争的事实，人与人之间的情感还是在朦胧状态进入婚姻比较好，毕竟对曾经向往婚姻生活的男女来说，过早地同居，过早地进入两个人的生活，进入现实，其实也很残酷。

女孩，已婚男人爱你不易

对于已婚男人，我依然奉劝小女生们千万别惹，能躲就躲，能逃就逃，能跑多远就多远，反正不管你对他有怎样的想法与好感，你和他之间有多少期冀交流与渴望，你们之间曾经某个阶段有多少誓言与谎言，或者你们曾经发生过什么化学反应，有多少元素的浪漫回味，我还是希望你们忘记从前的一切，重新回归到现实生活中，不要再沉迷于不切实际的东西，也不要拿自己的青春、命运和年华做赌注，更不要有意无意地打擦边球。

不要固执地认为，人人都会是《廊桥遗梦》中的男女主角，他们最后的结果与命运依然尴尬。更不要告诉我：我今生只爱他，我就这样默默地爱着他。你们之间的爱与《一个陌生女人的来信》中的不一样，你可以爱了就爱了，他也可以放纵自己的情感，放纵了也就算了，就算你去寻找他的足迹，他是会感动，因为已婚男人同样需要更多女人的爱，特别是年轻的女人，这样的女人不仅拥有如花的容颜，还有美妙性感的身材，前卫时尚的思想，这些都是他们渴望的，甚至是他们梦想得到的，因为他们可以在你们身上获取生理上的满足，找到自己年轻的感觉，还可以给予你们物质上的帮助，让那些缺爱的女孩找到归属感，找到温暖，让自己的灵魂残缺，暂时不再孤独与压抑。

然而女孩们，你们在这些已婚男人身上又得到了什么？是你们想要的永远吗？还是你们想要的爱情？或者是你们想要的一种别样的性体验？无论怎样，已婚男人通常无法给予你们婚姻，从一开始已婚男人就明确地告诉过你们。这既是已婚男人所谓的诚实与忠贞之处，也是已婚男人的聪明之处。他们擅长于玩弄不同类型的女人，他们愿意讲女人爱听的情话，他们更可以给女人所要得到的全部温柔与贵妇的感觉，但是你们最好不要在他们面前提未来婚姻家庭，未婚男人都怕承担这些责任，更别说被人调教好的已婚男人。也许你自己也不知道会爱这个已婚男人多久，或者跟这个已婚男人玩什么样的游戏。你们同样是女人，你们同样也会老，你们也会在某个时候受到良心道德上的谴责，你们也会可怜另一个女人的不容易，你们也怕自己以后有同样的遭遇。所以你们忍耐，你们祝福，你们承受，但是你们依然无法放手与解脱。

人与人之间的情感很微妙，我们很容易在某个时间段对某人产生一种情绪与好感，我们也有可能在某个时候淡忘某个人的存在，我们更有可能为某个人不顾一切，但我们终究会有清醒的时候，我们终究会有沉痛而又沉重的领悟。就如辛晓琪歌中所唱：多么痛的领悟，你曾是我的全部……有时候就算旁人不说“爱上已婚男人＝危险”，那些女孩子也都知道都明白感情里的情不自禁，感情里的彼此诱惑元素。可是明白归明白，还是免不了的无法控制。

对于一个已婚男人来说，无论他多爱你，他都会有的放矢，他身上的责任会像紧箍咒似的时刻提醒他，该做什么，不该做什么。对于久经沙场身经百战、看过无数女人的已婚男人来说，他更知道、更明白他在做什么。他懂得婚外情的技巧，懂得家花与野花的区别，懂得妻子与情人的差异，因此，已婚男人更容易把握女人的内心，他们更明白女人到底想要什么。不可否认已婚男人的成熟、大度、睿智、才华、包容与体贴无形中成为他们吸引小女孩的致命法宝，所以很多女孩甘愿为他们死而后生，甘愿为他们背负骂名。可是这些足够说服自己做已婚男人的玩偶吗？

亲爱的女孩们，已婚男人是被别人调教好的男人，他们无论怎样与你们周旋，怎样跟你们牵扯不清，怎样跟你们山盟海誓，都是虚假的。

第一，他们不可能为你离婚，这是不争的事实。美国前总统克林顿的性丑闻曾经闹得沸沸扬扬，而他最后还是得跟希拉里下跪求饶。极品男人都知道人言可畏、前途要紧的道理，更别说那些普通男人。

第二，已婚男人对你们做出承诺与誓言，是因为你们满足了他在某个时间段，情感的缺陷与填补了空当。这个时期一过，他们就会对你提不起兴趣。就算你拿录音机、笔记本、粘贴板，整理编辑你们当时的情话又如何？一个喝醉酒的男人的话你能相信吗？一个一时迷恋你身体的男人说的话，你又能相信吗？我说你们这些女孩子是真傻还是假傻啊？

第三，已婚男人都有喜新厌旧的毛病。已婚男人有个共同特点，也是男人与生俱来的特征：喜欢征服。“男人通过征服世界来征服女人”，这句话一点也不假，“男人有钱就变坏”，也有一定的道理。毕竟“经济基础决定上层建筑”。特别是对已婚男人来说，他没闲钱哪来“饱暖思淫欲”之心呢？所以已婚男人一般都很大方，他们太懂得小女孩的心思了，不就是点虚荣心与攀比心吗？

那些眷恋已婚男人温暖的双臂的女孩子，仔细想想你们与已婚男人之间的感情纠葛，你们觉得你们与已婚男人之间是什么关系？买办、依附，各取所需？爱情或者是其他的一些情感？无论如何，希望你们远离已婚男人的荼毒，你们以后的路还很长很长，希望你们做任何事情的时候“三思而后行”，不要再为已婚男人耗费自己的精力与时间了。

在没有学会生存以前，爱情是没有说服力的

亦舒的《喜宝》中主人公说：“我需要有很多很多的爱，如果没有爱，我要很多很多的钱，如果两者都没有，那么我至少还有健康。”故事一出场时，喜宝只有健康和美貌。而她无意间认识的朋友勖聪慧是什么都有——钱、美丽、健康她都占齐了，所以喜宝在参加勖聪慧的家庭聚会时，无意间把她对勖聪慧家世背景的看法，直言不讳地透露给了陌生人勖存姿。

“因为勖聪慧有条件做一个可爱的人，她出生时嘴里含着银匙羹，她不用挣扎生活，她可以永永远远天真下去，因为她有一个富足的父亲，现在她将与一个大好青年订婚……但是我有什么？我赤手空拳地走上社会，如果我不踩死人，人家就踩死我，人不为己，天诛地灭。情愿他死，好过我亡。所以姜喜宝没有勖聪慧可爱，当然！”没想到喜宝的这些话会给她的人生带来一番戏剧性的转变，因为她把这些想法告诉的不是别人，

而是勖聪慧的父亲勖存姿。

不知为何，富商勖存姿最终选择了喜宝，是因为喜宝的诚实，还是因为喜宝的可爱，或者因为他喜欢喜宝的精明与通透，还有过人的智慧和生命力？喜宝在勖存姿父子的共同追求下，现实地选择了勖存姿，因为她想得到她想要得到的一切，甚至更多。当时的喜宝其实也没有选择，如果她不想丢掉她在剑桥的学业，所以她跟了勖存姿。

被勖存姿养了一段时间之后，喜宝开始想要爱了。人在温饱之后必然是需要爱的。可勖存姿是不可能让喜宝爱除他以外的任何人的，因为喜宝是他花钱买来的，所以他不惜一切代价毁了喜宝的爱，保全喜宝爱自己。故事到最后，富商勖存姿把自己60%的财产都给了喜宝，喜宝成了全香港最有钱的女人，但她明白，她得到了金钱，却失去了一切，青春、爱情、生命力……

喜宝的困惑对当代女性来说多多少少都很现实地存在，随着整个社会生活节奏的加快，都市女性生存的压力日趋加重，所以当代女性在面临情感的选择时，大部分人会做喜宝那样的决定，现实而精准地挑选个有钱人作为结婚目标，也只有这种人才可以拯救她们于困境。

所以这个社会出现了更多“一树梨花压海棠”、各取所需的状况，我们不难从中看出一个没背景没身份没地位的年轻女子，除了出卖自己的健康与美貌以外，她无从选择，所以我们不难理解富翁一征婚，无数应征者蜂拥而上的现象，她们选择有钱人结婚，代表着她渴求优越安定的物质生活，而不是所谓的爱情。所谓的爱情在唯物质论的眼里是不值钱的，特别是在没有学会生存以前，爱情是没有说服力的。

这个世界有太多的女性选择做喜宝了，然而让人困惑的是有钱的勖聪慧一样不快乐，因为她太有钱了，生活太过安逸与平淡，婚姻看似完满，而实际空虚，为了逃离束缚她做了乡村女教师。而当喜宝意识到钱买不到爱情与健康的时候，她不知道她可以再去寻求什么。似乎在她看来，在一个人有了钱以后，就算再怎么去争取财富，似乎也没必要了。

坦白地说，上帝对每个人是公平的，它在给你一把金钥匙的同时，也给你设置了一道屏障让你看不清真实的自己；它在给你无穷无尽的苦难的时候，它又让你通过苦难的天窗看到未来与希望。当一个女性选择金钱的时候，她离她的预期目标是近了，离她期待中的爱情却也远了。我们虽然无法选择从一而终且毫无杂质的爱情，但是至少得忠实于我们的内心与灵魂。

亲爱的姑娘们，如果让你们在金钱、爱情和健康中做选择，你们会选什么呢？如果是我，我会选健康和快乐，其次才是爱情与金钱。尽管女人嫁得好似乎真的很好，就如很多人都渴求嫁给有钱人一样，但是嫁给有钱人真的会有你想象的那样好吗？

别再做灰姑娘的梦了，别再希冀嫁得好了，别成为另一个喜宝，别人给予的终归是别人的，他可以给予也可以没收，所以亲爱的姑娘们请学会对自己好，至少这个权利永远无法被人剥夺。除非你不爱自己了，你放弃自己了。

爱人是一种习惯，习惯却不一定爱人

在《我最好朋友的婚礼》中，一对情侣分手后做了一个约定：如果多年后，她未嫁他未娶，那么他们会再次走到一起。就在那个期限快要过去的时候，男主角突然通知女主角他要结婚了，他遇到了他今生最想要结婚的人。女主角幡然醒悟，原来这么多年自己还是爱着他的。

有时爱人就是一种习惯，你习惯了有那么一个人陪在身边，习惯了依赖着他，但习惯依恋一个人久了会上瘾，这种瘾一旦戒不掉反而会害了自己。

在爱情面前，我们每个人都一样，因为爱是自私的，不存在谁抢走了谁，谁辜负了谁。若深爱又如何会被抢走，又怎会被辜负？爱情可以让人从聪明人沦落为傻瓜，也可以让傻瓜变得聪明，所以勇敢地去爱比习惯性的等待身边的人说我爱你来得真实。有时越了解一个人，越习惯一个人在自己身边，越以为这个人可以永远和自己在一起，结局越往往阴差阳错。

所以，无论如何都要勇敢地去爱，而不是逃避着等你习惯的人来爱你。因为，爱人是一种习惯，习惯却不一定爱人。

女人忘记年龄比记住年龄更真实

年龄对于女人来说，就像岁月的印痕，不断递增的细纹让女人感到恐慌，感到难以承受，难以相信青春是如此苍白而短暂。假如每个女人的花期，都开到三十岁戛然而止，不知道又有多少女人，为之失落，为之感伤?

而事实上，一个女人不管到了多少岁，接受年轮对她的祝福和洗礼，比抱怨年轮对她的不公与不厚道更加可贵。女人在更多的时候，完全不用想太多关于个人的婚姻与生活问题，想得越多到头来越失落。女人也无须用恨嫁的心态，去看待闺中密友们爱情的甜蜜幸福。每个人的幸福与甜蜜都是喜忧参半的，不是说王子与公主就一定会有童话，落单无根的候鸟就一定活得很不开心。

这个时代表面崇尚男女平等，而实际上女人在某些方面承受着世俗的压力，女人到那个年龄就必须结婚生子，成为社会秘而不宣的行为准则。不可否认，对于大部分男人来说，他无论多大年纪，都会属意于十八到二十五岁的女孩，他们主观地认为：这样的女孩好管教，好调理。在大部分男人心里都有这种想法：女人岁数越大，阅历越丰富，越让男人们觉得恐慌。可惜大部分男人最终还是找了他们的同龄人结婚，他们不是高富帅，他们没办法对一个刚满二十五岁、大学毕业没几年、指望他们供养的女人负责。在高房价、高物价的今天，男人在娶妻这个问题上，也讲究实用性，而不是可观性。

女人的年龄只是岁月增长的一部分，女人的心态却是成长中极其重要的。它需要不断地磨合，不要让容颜的蜕化去腐蚀自己的心，不要戴有色眼镜去看任何人与事物；一个女人无论遭遇怎样的不幸，都要始终保持一颗积极向上的心，永远开心而快乐地活着，这才是可爱，同时也才值得爱。

可是在生活当中，一些女人一到三十岁，不管已婚还是未婚，总觉得自己已经到了近黄昏的年纪，总觉得自己还不出嫁生小孩，就得走向世界末日。这世界谁离开谁不能活啊，何必强迫自己去接受一个人或者寄托于一个人?

做女人不要觉得年龄就是自己的紧箍咒，因为年龄而要求自己必须去做些什么，去接受什么人，不要用一种恨嫁的心态去经营生活，也不要用将就一词去草草地经营婚姻。生活的内容很多，婚恋只是人生的部分而不是全部，勉强让自己去接受一个人，不如放逐自己去追求自己所期望的事业与生活。当然，也许不是所有女人都能放下婚姻的枷锁，但是女人真的没有必要因为年龄的递增而降低对婚姻的期望值。

其实，你喜欢一个人，就像喜欢富士山。你可以看到它，但是不能搬走它。你有什么方法可以移动一座富士山呢?回答是，你自己走过去。爱情也是如此。寂寞是人生最美好的调味品，我们一生都在寂寞中寻找，狂欢只是一时，幸福只是感受，女人更应该放宽心去成长，放宽年龄的尺度去感受生活的真善美。

缘分是无法用时间与空间的焦距去描述的，用一颗平静的心去认识或者接受一个人都不重要，重要的是女人忘记年龄比记住年龄更真实。

越是成功，越要不起爱情

林志是典型的成功男人，他年薪百万，有房有车有公司，虽然三十六岁了但也不急着把自己处理掉。准确地说，林志要处理自己很容易，只是林志没办法在自己生活的圈子里把自己处理掉。

对于林志来说，当一个男人三十六岁奋斗到要什么有什么，他不需要看女人的脸色过活，也不需要为了哪个女人要死要活。往往他对女人的要求无非是年轻漂亮能够生养，至于两个人在一起，一个讨论 LV，一个讨论生意似乎都不影响两人的发展，只要林志找的女人能够带出去让他那帮生意朋友羡慕嫉妒恨，林志女友的门面任务就完成了。当然林志要找的老婆也是那种年轻漂亮懂得在人前装姿态会来事带得出去，能够用 LV 的标签价格买的回来的女人。

就在林志准备用标签价买爱情找个不拧巴、不文艺的女青年过一辈子的时候，竟然意外地邂逅了晨曦。晨曦是一位典型的文艺女青年，二十八岁有房有车有事业，不缺钱却差感情，为人刻薄清高，不易相处。不知为什么，当林志第一眼看到晨曦时，林志就知道这个女孩与他身边的LV女孩不一样。她，自立自强，不卑不亢。

当林志渐渐爱上晨曦的时候，却发现要晨曦这样的女孩子爱上自己太难了。对于内心强大的晨曦来说，她不在乎林志是什么款，她只在乎这位男人懂不懂她，愿不愿意真心实意地与她在一起。

其实林志是个还不错的男人，温柔绅士，除了不懂爱是什么以外，其他的一切都好。只不过林志不是晨曦喜欢的那种男人，过于大男子主义，只要他想要的，就一定想方设法去得到；敏感而骄傲的晨曦不是那种为了个LV就能够付出感情就真心的女子，更何况晨曦也不缺LV包。

当文艺女青年遇到不懂爱的男青年时，他们是没有结果的。

即使林志尝试着让自己去解读晨曦，他也始终理解不了她的世界，就如晨曦跟林志谈文艺复兴，林志说晨曦矫情一样。

越是懂得爱情的女子越是完美主义，更何况林志最怕晨曦这种什么都不缺，只要男人心的女人。对于一个成功男人来说，什么东西都可以给予，唯独不能给予的是一颗真心。因为他明白覆水难收的滋味比亏损几百万的资产更难以承受，所以他们的爱情注定以暗淡收场。

这世上可遇不可求的事情太多，不如享受当下就好。即使林志知道失去晨曦是种遗憾，但他宁愿失去也不想付出爱情，因为爱情是除了金钱以外最贵的东西。同时林志也知道自己的财富也有散尽的一天，当那些 LV 标签的女人发现他无法供养自己的生活离开他时，林志只需要用破产的方式就足以清算自己的情感，无须太多挣扎。

越成功的男人越害怕付出自己的真心，因为他们知道凡是用钱能够买到的东西都不贵。譬如，林志可以给自己看上的女人买任何东西，而她们只需要把自己打扮得漂漂亮亮，让买主感到自己带个漂亮女人出去有面子即可。当然漂亮是需要付出代价的，林志负责圈养漂亮的代价看似是一张支票，其实不过是一颗颗无法去爱，只知道用物质交换的心。事业越成功的男人越要不起爱情，他们要不起爱情的原因是，他们用自己的物质去物化女人对爱情的态度。他们用他们觉得合理的价格去买断 LV 女子的青春，他们需要的仅仅是一个个青春女子的肉体。他们忌讳爱情，不会为了一个所谓的文艺女青年要死要活，只不过当这些事业成功的男人看着一个平庸的男人拥有一个美好的女人相濡以沫的时候又会心生羡慕。

这个世界真的没有一本万利的爱情与婚姻，往往得到一些注定会失去一些。所以有些成功男人需要的不是爱情，他们需要的仅仅是待价而沽的女子，他们要的不过是一场给予女人合理供养换得自己半身逍遥快活的交易而已。

那些 LV 女人，她们要的也不是爱情，她们不过是被品牌物化的拜金女郎，她们爱的不过是拜金的生活，至于身边的男人爱不爱自己，在外面又玩了多少女人，她们不关心，她们只关心她们信用卡里的钱有没有花完。

从某种角度来说，成功男人与物质女子是绝配。因为他们都需要物质，去装点自己的面子与生活。而生活与面子在赤裸裸的现实中看似能够占很大分量，其实什么都不是。欲望会消失，人始终是精神动物。不是成功的男人不要爱情，是要不起爱情的男人才会去用物质去物化一个 LV 女子。

女人就只爱房子不爱男人和婚姻吗

林星和永浩准备结婚，时逢新婚姻法出台，永浩的房子是其父母买的，林星看到新婚姻法说：男方父母买的房子媳妇没有份。林星有些难过，尽管她与永浩热恋五年才结婚堪称情比房子贵，但林星一结婚就要住进永浩父母买的房子里，虽然婆婆和公公平时对自己也不错，但这一家两代人都挤在一个屋檐下，不免会磕磕碰碰。

林星对永浩说等以后咱们自己买了房子，房产证上写我们两人的名字你看可好？永浩有些不高兴地对林星说，你这不是多事吗？咱爸妈好不容易买了房子，让咱们婚后跟他们一起住大家都有个照应多好，有必要买那么多房子吗？房价这么高，咱们可是工薪阶层！你是我娶的媳妇，我把你娶过来自然是让你住我家里了，至于房产证上有没有你的名字真的那么重要吗？再说爸妈为了房子搭进去了半生的积蓄，他们也不容易，他们也需要有个安全感，我不可能让我父母买的房子的房产证上加你的名字。虽然我爸妈对你像疼女儿那样疼，但毕竟你是儿媳你跟他们没有直属的血缘关系，等以后我们有了孩子，我们再说房产证的事情好吗？

“我们恋爱五年了，你觉得我是贪你房子嫁给你的女人吗？再说我父母以后的房子也是我的房子。是，你父母买的房子跟我没有任何关系，我是你的媳妇暂住在婆家的房子里面，以后我们的感情有个三长两短，你们家的人随时可以赶我走，而我还要和你一起挣工资养育小孩，你说我心甘吗？换成你是我你怎么想？我之所以想让你在你父母买的房子的房产证上加我的名字，仅仅是想看你的态度，想让你在房子和我身上做个选择，既然你选择房子，那这个婚咱们还是不结了。”

“林星我知道你的想法，同时我也理解你的想法，可是一套房子写谁的名字，跟我们的感情比，跟我们的婚姻比真的那么重要吗？”“当然很重要，永浩你要知道爱情和婚姻是两回事，没有哪个女人不想跟男人白头到老，没有哪个女人没结婚就想着跟男人离婚，更何况我们在一起五年了，难道你觉得你用五年的时间了解我林星的为人，还不如你父母买的房子珍贵吗？更何况我家也有房子，我只不过希望嫁到你们家，住你们家的房子的时候，房产证上有我的名字，这样不至于让我觉得我是暂住在你家的，这样让我爸妈脸上有光。”

“林星，如果你一定要在我父母买的房子的房产证里写上你的名字，抱歉我只能认为你是为了房子才嫁给我的。”“永浩，我很感谢你给了我五年最好的爱情时光，同时我也很感谢你让我在婚前认识了你的自私，我相信一个真心爱女人的男人是容不得自己的女人受半点委屈的，哪怕是牺牲自己的利益也在所不惜。”

……

就这样，林星与永浩五年的情感就断送在房子的归属上。未来也许还会有更多关于相爱的男女结婚后房子的归属问题，纠结到底结婚还是不结婚。新婚姻法的出台的确保证了婚姻当事人的财产利益。当财产利益大于婚姻中相爱的人的情感，大于婚姻中相爱的人的互敬互爱的时候，这样的财产保障对于自私的人来说，他完全可以不结婚，他跟他的房子结婚就可以了。

看一个男人爱不爱一个女人，不是看他的房产证上要不要写这个女人的名字，而是看他理不理解作为女性为自己争得一份保障的心理。女人不易做，没有哪个女人一来跟男人结婚就想着跟男人离婚，就想着分男人的财产，现在条件好的女方家庭多的是。因为一个房产证添加名字都要跟女人争论半天，都要说女人如何势利的男人不要也罢，这年月买得起房子的女人也很多。

女人之所以想让男人在房产证上加上自己的名字，无非是想着住在男人的房子里有女主人的感觉，而不是想着男人的所谓的利益与财产。

做女人真的很辛苦，还要把自己搞得不在乎，只有拥有懂爱的人才会理解女人对婚姻情感的付出，只有大爱的男人才会真正不介意他的房产证上填写自己所爱女人的名字，他知道房子很贵，但为了让爱他的女人放心，他愿意这样做，试问这种有大爱的男人又有多少呢？

当今的男女为何都变得不可爱了

好男人教女人成长，坏男人教女人游戏人生；但往往好男人被坏女人伤害，好女人被坏男人欺骗。渐渐地，似乎在这个世界上已经不存在好男好女，貌似这世界上的男女都缺乏安全感了，从而这世界的男女都变得不那么可爱了。

毕竟在这个好男人好女人、坏男人坏女人都可以互相扮演的时代，男女的好坏都变得不重要了，重要的是，他们的对手是否足够强劲，气场是否足够彪悍，意志是否足够坚定，不然玩到最后受伤的依旧是那些功课做得不好的好男好女，那些真正能够使坏的男女，早已经是混迹情场的高手，是情场得意的优等生。

在这个动什么都不要动感情的时代，不管是好男人坏男人、好女人坏女人都教会了当代女人男人应该如何保护自己。

在这个喜欢以恋爱之名做爱的时代，女人要找个靠谱的男人是何等艰难，找个所谓能够安心过日子的男人更是难上加难。在这个要求男人必须功成名就有房有车的时代，男人要找个称心如意的女人是何等的“心生凄凉”。

不知道当代人的情感是变得越来越简单了，简单到可以马上上床马上分手，还是当代人的爱情越来越复杂了，复杂到不经历十八弯的波折与艰难，就不能够真正做到心有灵犀、彼此信任。

当小女孩指望用青春美貌获得成功人士的青睐时，当小三们以感情为名向大奶们宣战时，当中国的男女只知道接受外来的情感价值观，自己却无法输出情感价值观时，当我们对爱情总是抱着十二分的敬畏与渴望，当我们对婚姻抱有太多的苛刻与所求时，是整个社会体系输出的价值观有问题，还是当今的男女在物欲横流的人世间变得不再那么可爱了？

但是不管怎样，你可以不信爱情。不信婚姻，但你要相信这世界的男女是可爱的。

第四章

一叶知秋，身体与光阴悄厮磨

“原来的人都是两性人，从上帝把人一劈为二，所有的这一半都在世界上漫游着寻找那另一半。爱情，就是我们渴求着失去了的那一半。”我们每个人都在爱情的世界里寻找失去的另一半，在此过程中，我们迷茫过，失落过，悔恨过，堕落过，颓废过，似乎总有一只无形的手让我们感到诱惑难挡，却又无比向往。

如果你感觉不到幸福就暂缓结婚

四十八岁的 87 版宝钗的扮演者张莉，在经历了一长串媒体无中生有、强加在她头上的被包养、被离婚、被有小孩以及被高干的新闻以后，终于在自己的博客上惊爆自己身在北美依然单身。

此消息一出众人震惊，曾经天仙般的张莉居然还没有找到适合自己的人，还没有找到幸福的归宿，这不禁让人感慨不已。这样的单身在感情至上的北美来说不足为奇，到了国内却说法颇多。

“人生如戏，戏如人生”，在《红楼梦》中黛玉早逝，宝钗孤老，而在现实生活中，陈晓旭走了，宝姐姐依然在寻找着自己的幸福，只是有些幸福并非需要依靠一段婚姻去维系。

爱是相互欣赏，相互包容。爱不爱只是一个借口，很多时候我们都对彼此要求太高，或是看不到对方的优点。更何况现代人又活得那么自我与随性，真正能够在婚姻中找到幸福与安全感的实属凤毛麟角。

就拿因离婚争女案闹得沸沸扬扬的贾静雯来说吧，未婚先孕嫁入豪门，自己要临盆的时候老公在外面花天酒地被媒体逮个正着，自己辛苦出去拍戏挣钱，老公还以与其他演员玩暧昧为由，让其写检查。两人感情破裂之时，为了顾全彼此的面子，私下协议离婚不说，到真离婚的时候老公还叫嚣着让她给自己抚养费，拿回属于自己的家产，事后不遗余力地为争女儿的抚养权对贾静雯进行人品“栽赃污蔑”。

贾静雯的婚姻用“好一个遇人不淑”来评价并不为过。这样的婚姻经历比当年，二十岁的关之琳嫁给四十岁的富商，一年以后被离婚，前夫逢人就说找个小姐都比找关之琳强，更令人震撼一百倍。

有人说婚姻是女人的第二次人生，也是女人所下的一生的赌注。如果女人这一生，真的仅仅为了结婚而结婚，为了社会的压力而结婚，为了世俗的看法而结婚，那么结婚以后，日子又怎么过？女人与其嫁给一个不靠谱的人，嫁给一个不爱自己的人，嫁给一个看起来有颇多财富，却所有财富都是自己占用之人，不如嫁给一个真正爱自己的人，或者缔造一个不一样的自己，寻找一个不一样的人生。

人的一生唯有靠自己，才能够走得坚韧而踏实。爱情婚姻并非你生命中的全部。一个人的日子虽然有几许落寞和冷清，但有时两个人的生活比一个人的落寞更让你无从适应。所以女人无论何时，都不要因为年龄去结婚，更不要因为似乎该结婚了就去结婚。能够在婚姻中找到真正的幸福那是你的幸运，找不到也不要垂头丧气，属于你的终究会来，不属于你的也强求不来。

也许有些男人会说，不婚是属于优秀女人的专利，而非优秀的你凭什么不婚？其实每个女人都能够通过自己的历练让自己更优秀。这世界上没有打折清仓的女人，只有自我贬低身价的女人。如果你感觉不到幸福就不要结婚，毕竟婚姻也不一定能够给你幸福，幸福是自己给自己的。

女人把自己打造成有钱人比嫁入豪门更靠谱

女人一定要有自己的经济能力，这是放之四海而皆准的定律。如果一个女人没有独立的经济能力，她将无法调配自己想要过的生活。就像某些女人靠男人过活，这日子久了，男人也会生厌。女人也会自己看不起自己，当然没脸皮的女人除外！

女人千万不要有“嫁一夫靠一主”的想法。无论是家庭主妇，还是豪门太太都不是那么好当的：假如你生不出儿子，教育不好子女，照顾不好公婆，拴不住老公，到最后就成了一场悲剧。除非你有李嘉欣般的姿色与身份，除非你的丈夫爱你比许晋亨爱李嘉欣还要多几百倍，要不然你就别指望用脸蛋征服男人。

不是当今的男人们太势利太物质，而是社会现状如此。更何况时下的富人和穷人一样都是弱势群体，富人有钱换不到爱情，穷人有爱情换不到钱，折中的办法就是，女人不管嫁什么样的男人，自己有钱才是硬道理，才能够让男人毫无顾忌地交出自己的家当。

灰姑娘与王子的故事已经不适应这个时代，即便富二代娶了灰姑娘，灰姑娘自身的筹码达不到交换筹码，也是很难在婚姻中获得幸福和主动权的，毕竟有钱人都不缺保姆和花瓶的，他们也没必要花大价钱找个女仆做老婆；更何况不管是富一代还是富二代，有钱人的钱也是自己辛苦挣来的，有钱人的婚姻更看重的是门当户对，而不是年轻美貌。

即使是富翁征婚，也需要这些应聘的美女有自己的核心竞争力。那些渴望用婚恋方式为自己解除困境，渴望以家庭主妇相夫教子的身份博得有钱男人的怜爱，渴望通过自己的青春美貌来换取一辈子荣华富贵的女人是时候醒悟了。此外，姑娘们，告诉你个秘密：你以为亿万富豪就真的那么有钱？在经济不景气的时代，年入三亿元的企业，纯利润有一千多万元就不错了！年入几千万的企业纯利润只有几百万！不要一看到亿万富翁就眼睛一亮！很多年入三亿元的企业，欠银行几个亿。

富二代公子哥准备泡有积蓄的大明星，人家压根不在乎女的多少岁。富翁找明星是对企业的一种免费包装和营销，明星找富翁是对自己明星价值的肯定。中国的所谓富人阶层其实就是需要包装然后去找钱的阶层，不要看着他们包装的光鲜，其实富人也会缺钱！富人不会傻得去找对他没利益没帮助的灰姑娘，他们找的都是能够帮他们带来利益的！这个时代的婚姻是利益的结合，别做灰姑娘的梦。

这世界上有两种人既珍贵又稀缺，第一是真正的绝色佳人，第二是真正的绝佳富豪。正因为佳人与富豪都是稀缺产品，所以芸芸众生都渴望得到。只可惜物以稀为贵，能够得到这两种人的毕竟是少数人。

同理当今的女人也可分为两类：

第一类是通过自己的努力把自己打磨得足够优秀、足够强大，清楚地知道自己想要什么、不想要什么。

第二类是企图通过自己的青春美貌、气质仪表着装谈吐，以及恋爱心计，勾引一个有钱的男人，或用“先上车后买票”的方式，或用“我见犹怜”的方式，使男人为其埋单，然后心甘情愿地过着相夫教子的生活，日复一日地守着丈夫过寄生虫般的生活。

聪明的女人会选择做第一类女人，所以女孩子一定要在年轻的时候多见点世面，不要为了一个LV包就跟男人上床。女人一定要不断地进行自我修炼、自我提升，多看看有钱人的现状，别被所谓的有钱人所蒙蔽！很多有钱人最爱泡良家女，有女人敢倒贴，他就带她四处充门面，他只是把她视作免费的公关小姐，而非婚娶对象，所以女人与其指望嫁入豪门倒不如把自己打造成豪门，事业上的，或是感情上的。

当一个女子到二三十岁还没嫁出去

如果一个女子到了二三十岁还没嫁出去，众人一定会说：她身心有问题，她不爱男人，她曾经受过重大伤害，她被很多男人玩过，她在做梦嫁富豪，她长得太丑，她没生育能力，她是被有钱人搞剩下的二奶……

总之在社会舆论中，一个女子到了二三十还没嫁出去，她基本就是大逆不道，不然这女人一定是有问题的，她就会被笑话、被同情、被茶余饭后。久而久之，你会发现早婚的姑娘越来越多，晚婚的姑娘越来越难嫁。有的婚姻专家还明确指出：如果女人过了二三十岁还没结婚，嫁不出去的概率会越来越大，男人们大都不会娶二三十岁的女人，二三十岁的女人生孩子会很困难。这就是当今社会最真实的现状，并且已婚的女子通常都会带着炫耀或者不屑的眼神去看待二三十多岁还待字闺中的女子，她们会觉得这些女人再强又如何，不还是嫁不出去，不还是过得不幸福。其实热衷秀幸福的已婚女士未必真的幸福，只不过是女人的虚荣心在作怪罢了。

在男人眼中，女人的青春也不过十八至二十五岁这七年，七年以后女人青春的价值递减，如果女人在二三十岁以前找不到一个为其埋单的高富帅，二三十岁以后基本成了男人眼中的可有可无的次品。如果女人自己有本事有资产，她到二三十岁以后即使不结婚不嫁人不找高富帅一样可以过她想要的生活。而事实上，如果一个女人到了二三十岁还没有嫁出去，她有房有车她也不是特别急着出嫁，她不需要靠男人的财富活着，她不需要在男人面前委曲求全，她可以很好地支配自己的人生。

社会对二三十岁的单身女性嫁不出去所施加的压力不过是社会的一厢情愿罢了。当今二三十多岁的男性如果不是高富帅，也不敢轻易养个小女生在家供着吃喝。想做公主的女孩多了，想用青春换明天的女孩多了，社会上的离婚率就高了。但总的来说有能力的女子，不管到了多少岁，她嫁人还是不嫁人，她都有能力让自己幸福。

女人的一生属于她自己，嫁人只是她人生的一个选择，不是她生命的全部。成为谁妻两情相悦固然是好，如果找不到合适的，匆匆嫁人，或者贪图富贵，到最后结局都不会太好。如果一个女人不够独立，什么都想靠着男人，结婚时间越久，柴米油盐的日子越久，两人的差异越大，婚姻越容易出问题。

再说当今社会，离婚结婚就像游戏一样。以前人们觉得婚姻很神圣，而现在对婚姻越来越随便，甚至很多人都用“撑得了多久”来形容一段婚姻结束的速度，所以女人不用纠结“我三十岁还没嫁出去”这个问题，单身总比找个不喜欢的人拿张离婚证强。同理女人也别纠结三十岁生孩子困难的问题，现在单亲家庭够多了，给不了孩子一个温暖的家庭，把他生下来不一样受罪？你生孩子不是为了完成你父母的心愿，是为了想要自己爱情的结晶而孕育。

内心强大的女人是不需要用我是谁的老婆去装点自己人生的，也不需要用谁谁谁妻子的头衔，去向他人炫耀自己的幸福。她们三十岁不嫁人，只不过是她们还没找到自己理想的另一半，仅此而已。她们不需要男人的房子车子去供养她们的生活，她们能够很好地供养自己的生活。

女人没搞懂自己，就别忙着结婚

二十岁那年，李洁未婚先孕，嫁给了一个比她大六岁的男人。这个男人事业刚起步，四处借钱办公司，包括让李洁回家找自己父母借钱支持他的事业。男人对李洁说，只要咱们的公司办起来，一切都会好的，我一定会让你幸福的。

善良单纯的李洁当真帮着这个男人向自己的父母借钱实现他开公司的梦想。从小生活在父母高期望值下的李洁，也想借着男人开公司向父母证明，她未婚怀孕选的男人一定会带给她幸福。李洁的父母在无奈之下，同意了李洁和那个男人结婚。

一年以后李洁的儿子出生，她男人的公司居然倒闭了，欠了一大笔钱，这时男人又想让李洁回家骗她父母的钱给他起本。李洁的父母怒了，告诉李洁，如果再回家要钱，就别回来了。从此李洁在家里做家庭主妇，靠男人微薄的薪水生活。八年以后，李洁的孩子七岁了，李洁和她男人的生活一点都没有改变，那个口口声声说以后一定会给李洁带来幸福的男人，离李洁越来越远了。在李洁忽然生了一种需要终身服药的疾病以后，男人竟开始慢慢地疏远她。

当她经历了怀孕结婚生子的震荡以后，再回过头来看自己这些年的生活，李洁在自己父母面前哭得一塌糊涂：八年了，我等这个男人八年了，等着他成功，等着他向你们证明当初我们彼此的选择都是对的，结果这个男人如此不上进，四处骗人入股开公司，抽烟喝酒打麻将不说，还要赌博。如果当年你们对我管教不是那么严格，对我要求不是那么苛刻，我一定会打掉这个孩子，重新开始，而现在我二十八岁了，青春都埋葬在婚姻里，我又在这场婚姻里得到了什么？我想我错了，我错在当年还不知道自己要什么的时候，就偶遇一个男人，然后跟这个男人同居结婚……

当一个女人还没有认清楚自己是谁，为了结婚而结婚时，她不可能有好的姻缘！好的婚姻需要智慧经营，而不仅仅是一个人外在的荣耀！人总想着用虚无来包装自己，却忘记婚姻是实实在在的生活！

女人千万别把自己的人生寄托在婚姻家庭上，寄托在一个男人身上，以为自己只要嫁给一个男人，就可以在家里做家庭主妇，就可以高枕无忧地指望自己投资的男人升官发财。对一个女孩来说，无论你结婚也好单身也罢，自己有才是真的有，自己活得精彩才是真的精彩！因为女人的人生始终是自己的，跟你所嫁的男人没有关系，你们之间除了经营以外就是彼此扶持与尊重！女人企图以婚姻和男人来改变命运是不靠谱的！企图以青春资本投资男人也是不靠谱的，因为男人也是人，男人的压力也非常大，现在，一个男人普通的薪水是养活不了家、养活不了女人和孩子的，所以女人必须和男人共同进退，不然你们迟早会出问题的。

李洁的错误不在于她选择了一个什么样的男人，而在于她把这个能够给她所谓幸福的男人看成神，而不是人。更何况，婚姻质量首先不是以情感文化层次决定的，那些所谓的差异化阳春白雪都可以学，婚姻需要的是共同担当的勇气，是彼此的鼓励与扶持，是能够从对方身上得到共进退的力量！

婚姻不是攀比是共同塑造的价值！好的婚姻让人相濡以沫，坏的婚姻让人生不如死！为何女人总在婚姻失败的时候，抱怨自己选的男人如何如何，为何不懂得在婚姻中反思自己？

女人与其抱怨自己失败的婚姻，鄙视让自己感到渺小失败的男人，不如多认知一下自己，多问问自己究竟想要什么。女人在没搞清楚自己究竟要什么的时候，千万别匆忙结婚。婚姻对于女人是一辈子的事，对男人来说可能仅仅是避风的港湾。

好多时候，一段婚姻的失败并非男人一个人的错，而是婚姻中两个人的错，所以女人不必狡辩，男人也无须装可怜，总之那几年你们也拥抱过幸福，即使离开，也应该给彼此一个祝福，洒脱地走。在这个世界上，无论男女都必须坚强地活着，不然你很难读懂你自己、读懂婚姻。

女人与女人之间的友谊暗香浮动恰好

女人与女人之间能否真正做到心灵相通，能否真正做到和谐统一，答案在肯定与否定的边缘徘徊，其间充满太多说不清道不明的地方。女人想要维护彼此友谊的深度与长度，除了做到彼此尊重与大度以外，还要学会惜缘与祝福。

女人的友谊很难理清，最了解女人的是女人，不是男人。伤害女人最深的是女人，不是男人。就像有的男人从来不相信女人之间有真正的友谊，甚至有些心术不正的男人还在旁敲侧击中，查看着女人友谊的真伪，揭示着女人友谊的真实与虚伪。

女人与女人很容易成为朋友，很容易沟通也很不容易沟通。她们很容易因为小事闹翻，很容易因为小事和好。表面看女人之间似乎感情深厚，形影不离，但真正遇到事情与抉择的时候，离得最远的是女人，走得最近的还是女人。就如女人对待男人的态度，表面要求很多，其实一个细节就能为彼此的牵手与放手埋下伏笔。

很多女作家都说过，女人与女人之间的友谊浅显而漂移，女人与女人之间的友谊经不起利益与爱情的考验，也经不起岁月与时光的轮回。不是女人不看重友谊，不珍惜友谊，而是女人本性里的嫉妒虚荣在某个时候易毁掉友谊，在某个时候背弃友谊。再好的女性朋友在面对名利时都会有点虚荣。

女人总是爱比较的，爱比较很多东西，包括和自己最好的朋友比较，掂量彼此的得失。假如彼此同在一条起跑线上，彼此百般友好，假如彼此的起跑线已经有了距离，彼此的友情也会慢慢转淡，近而变得陌生。

女人与女人之间的友谊就是这样，要么在一个级别，大家都觉得心里舒服踏实，要么混得都一样，大家都觉得没隔阂。假如一方与另一方相差太多，彼此之间的猜测与怀疑也就增加了。

女人是敏感而寂寞的，无论是所谓的美女还是自认为一般的女子，她们灵魂深处都浮动着或深或浅的忧郁与感伤，正因为这些的存在，她们小心翼翼地保护着自己。所以女人与女人之间的友谊，有点距离，有点差异，总是好的。

要想让你和你的朋友不产生分歧与错觉，最好的方式是：

第一，不要和你最要好的朋友从事相同的职业，合伙做事情。

第二，不要处处向你的女性朋友炫耀你的家庭地位老公的荣誉，这只能让你的好朋友疏远你，你会让她感到没有安全感，从而加重自卑。

第三，你的女性朋友有了男朋友或者结婚以后，尽量少与她的男朋友或者爱人接触。这世界上的人很难说，人与人之间的感情与吸引更难说，别忘了谁是你的闺蜜，谁是你的好朋友。如果你的闺蜜跟你诉苦了，你尽量倾听，少发言，那是她自己的感情生活自己的事情，等她发泄够了她知道怎么做，而不用你去指导她怎么做。

女人与女人之间的友谊看上去很美，要想拉近彼此的距离，共同走过一生却需要智慧与包容，如果你觉得自己做得够多，说得够清楚，却依然不被好朋友认同理解，那么请你放手吧。

女人与女人之间的友谊不是脆弱的，而是很脆弱，往往一点不经意的风吹草动就足够断送彼此所有的美好，所以暗香浮动恰处。

不是不结婚，只是正好单身

十六七岁的时候，情窦初开，喜欢上那个长得像徐志摩的男生，高高瘦瘦斯斯文文，笑起来的样子很迷人，单纯地认为爱情是诗一般的，因为是诗，所以就让诗般的情愫埋藏在心里。

十七八岁的时候，进入大学，一切都是新鲜的，包括爱情，初恋的美与好、纯与真在白衣飘飘的年代显得不食人间烟火。

十八九岁的时候，经历了一些恋情，明白了什么是青春的疼痛，疼痛的青春。

二十岁的时候趋近成熟，会思考一些问题：爱情、学业、生活、未来……这时的你一边憧憬一边迷惘。

二十一二岁的时候，你什么都想要，可是什么都要不到，你想做的很多，可是能做的却很少。

二十三四岁的时候，你有了新工作，为了生活你拼命地学习拼命地积累资本，每日淹没在人流里，那些梦想那些爱情寂寞得杂草丛生。

二十四五岁的时候，家里开始催着你结婚，你也想满足他们的愿望，可是你终究还是没有遇见那个可以一生牵手的人。

一晃眼二十五六岁了，朋友中有人结婚了，有人生儿育女了，只剩你一人。

二十七八岁的时候，你也有了想要结婚生子的冲动，可是却发现终究怎么也将就不了。

三十岁的时候，青春已经慢慢散场，你还待字闺中守着青春的尾巴。

三十一二岁的时候，你美丽、优雅、成功，可还是没有遇见他，你有些无法压抑地失落。

三十三四岁的时候，你忽然间想明白嫁谁都一样的时候，却发现就连 90 后都开始抢婚了。

三十五六岁的时候，你想要一个家庭，有孩子有父母有你爱的他，一起散步一起吃饭一起看电影，你不再想要一个人，可你还是一个人。你感叹：到底是世界变小了，还是心变大了，为何生活总是不能如人所愿？

三十七八的时候，你突然豁达了，一切都不那么重要了，既然等了这么多年都没能遇见，再等等又何妨？得之我幸，不得我命。

有时在想，结婚是为了什么？为了老来有伴不那么孤单，还是为了给父母给自己一个交代？缘分之事向来可遇不可求，需要太多的天时地利人和。婚姻这门课程太难，看似幸福的很多，其实很多都是失败者。这世界让人遗憾的事太多，做真实的自己太难，因为不愿将就所以不愿结婚。

生活原本就有多种规则，不必在意他人的目光，也不必以他人的评判支撑自己，也不必辩解单身的理由，理由真的很简单：不是不结婚只是正好单身而已。

分手后，就不要再找他

蓝星忽然从梦中醒来，眼角湿湿的，心里无比难过。蓝星依稀记得，她前几天梦见他的时候，他告诉自己要去上海。而今天早上蓝星梦见他的时候，却发现他沧桑了很多，胡子拉碴一脸憔悴，蓝星跑过去和他拥抱着，他们彼此的脸上挂满了泪……

是的，七年了，蓝星与沈浩的情感，在七年前伴着蓝星的任性刁蛮，伴着沈浩母亲对蓝星的不认可早已烟消云散。七年，蓝星也从一个一无所有的女大学毕业生，成长为一个企业的中层管理人员。七年，有太多的故事让蓝星想去诉说。

七年前蓝星二十三岁，在D科大的某个聊天室里，认识了想去C城旅行的沈浩。沈浩希望蓝星做他的向导，蓝星想了想同意了。七年前的网络不像现在充斥着一夜情，充斥着太多的交易，更何况七年前的沈浩二十三岁，刚研究生毕业即将去H

市做老师。

没几天，沈浩与蓝星见面了。蓝星依旧记得，沈浩见她的样子，很震惊！安静的沈浩，无法明白这个蓝星咋如此的蹦蹦跳跳，能说会道……后来的几天，蓝星与沈浩之间产生了感情，再后来蓝星去H市找沈浩，沈浩为了蓝星留在C城。

似乎所有的浪漫爱情，都是从惊天动地走向平淡的，蓝星与沈浩的爱情也一样。蓝星与沈浩的爱情在经历了彼此动荡的波折以后走到了一起，沈浩去了一家研究所上班，蓝星准备自己本科的论文答辩。平心而论，当年的蓝星真的是不可爱的，毕业了就想着在家里待着一切让沈浩负担，当年的沈浩对蓝星真的很好，即使蓝星把他的工资花得一分不剩都行。

一天，沈浩告诉蓝星，他妈妈和妹妹想到C城看他，希望她去接一下。那天的蓝星做得很不好，错过了接人的时间，饭做得一塌糊涂，话也说得乱七八糟，以至于沈浩的妈妈觉得蓝星并不适合沈浩。

当年二十四岁的蓝星，还不知道怎么应付沈浩的妈妈和妹妹，除了拥有沈浩以外她还不知道自己到底想要什么。所以蓝星与沈浩之间的关系，在父母的干涉下出现了分歧。就这样原本两个人的爱情搞成了两个家庭的事情，蓝星和沈浩走向了分手。正是这次分手使蓝星懂得了爱情是相互分担，不是一个人付出一个人享受。蓝星在和沈浩分开以后，才知道沈浩对她有多好，有多爱她。

也许一个男人爱一个女人的时候，他的世界都是她的，而当他跟那个女人分手以后，他的世界不再有她，但他对这个女人的态度，决定了他对这段感情的重视程度。沈浩与蓝星分手的时候，沈浩把自己所有的积蓄都给了蓝星，还对蓝星说在你没找到工作以前，可以随时找我要钱，我怕你过得不好。蓝星知道这个叫沈浩的人已给了她最完美的爱情，而蓝星又给了沈浩什么呢？任性、刁蛮、不上进、懒惰……

自打蓝星与沈浩分开以后，蓝星开始了属于自己的蝶变，这种蝶变是蓝星在打拼多年以后才明白的。在这六年里蓝星去过很多城市，干过很多工作，最后在文字与互联网之间找到了平衡。去年蓝星靠自己的能力在 C 城买了套公寓，今年蓝星想看看外面的世界，来到了 B 城，重新开始。

七年了，蓝星没再跟沈浩有任何联系，即使 C 城地震，蓝星与沈浩之间也没联系。即使他们彼此都知道对方的手机号码七年未变还是没联系。即使蓝星每每从梦中眼含泪水的醒来也依旧没联系。分手了，联系又有什么用，如果割舍不下，为何当初要分手？既然能够做朋友，为何不在一起？

七年过去了，蓝星还是蓝星，沈浩也依旧是沈浩。但七年物是人非，又有什么值得再去追忆。蓝星还是会从梦中惊愕地醒来，但也仅仅是感慨一下，或许她怀念的不过是曾经拥有的那份美好。

这个世界上的爱情从来都不是理所当然的，真爱更不是。“时间是最好的愈合剂”，但时间愈合不了两个人在一起的习惯。也许在我们生命中都有段刻骨铭心的过往，或长或短。如果你经历过，请把这份刻骨铭心留在心里，给心一个潮湿的空间，不要去打扰记忆里的人，因为你们已经分手了，不管怎样过去的，事情已经过去了，即使从梦中醒来记忆起某个片断，也无法回到从前。要知道这世界上没有回头路可言，更多的是向前看。

如果两人在一无所有的情况下，依旧选择相爱，请务必珍惜在一起奋斗的幸福与美好，请务必停止抱怨，毕竟对方没有义务帮你走完你未来的人生，即使他能够成为你夫君，他也仅仅是你的灵魂伴侣，你的人生需要你亲自去走。

其实人生的意义不在于你经历了多少份情感，不在于你经历了多少个人，而是你经历的人和情感，使你学会了认识你自己。

请你务必要相信爱情，虽然这个世界上的爱情掺杂着太多的功利，但请你务必和喜欢你，你也喜欢，珍惜你，你也珍惜的人结婚，只有这样你的灵魂才会得到满足与安宁。

请你务必不要因为年龄到了，找不到爱了就将就把自己嫁了。女人嫁个男人很容易，只要你不是太差总会有人娶，男人娶个女人更简单。然而一段没有情感支撑的婚姻会维持多久？

无论怎样，如果你和你曾经爱的人分手了，请不要再去找他妨碍他的生活，放爱一条生路，放你们曾经的美好一条生路。

当一个男人对你说：我很忙

小雪自己也搞不明白是什么时候迷恋上张生的。是好玩始于邂逅中不经意的相视一笑，还是咖啡馆的一次不期而遇？

初入职场的小雪遇见了年过三十的金融才俊张生，在张生的糖衣炮弹下，被俘虏了。可是被俘虏后的日子里多是小雪一个人的独角戏。似乎，这段感情被一个“忙”字掏空了。就在张生对小雪说我很忙的那个不经意的夏天，小雪看见他和另一女子笑着走进了餐厅。

后来小雪用了五年时间，做到了公司财务总监的位置。在一次大型会议上，他们再次相遇，尽管张生俊朗依旧，她也只是淡然一笑。

当初还是职场菜鸟的小雪在面对所谓金融才俊的张生时，内心是胆怯不安的，所以她试图用自己的温柔体贴留住这个她觉得可以给她温暖的男人。那时候她像极了“便利贴”女孩，总之他说忙就是忙，他说好就是好。

直到有一天小雪发现，这位她原本以为能够专情的金融才俊张生不过是以忙作为借口，利用小雪对他的好。后来，小雪终于明白，与其说当时的她迷恋张生，不如说她仅仅迷恋张生的光环。小雪并不了解张生，同时张生也不需要让小雪了解，其实他也无非是寂寞无聊，随便找个傻丫头追追玩玩，而傻丫头居然当真了。

如果你喜欢的男人对你说他也喜欢你，但是他很忙，没时间陪你，你千万别当真。这就好比一个看似喜欢你，不经意地给你打电话说请你吃饭，但经常说很忙的男人一样，你也别往心里去。

真正喜欢你的男人，是不会把忙当不见你的理由与借口的，同时真正喜欢你的男人即使再忙，他也一定会抽出时间陪你，即使他忙得昏天黑地，也总能抽出时间给你发短信、打电话，即使他满世界跑，他也有时间陪你吃饭。

看一个男人对一个女人的重视程度，就看他在所谓的忙里给女人多少时间。同理，在一段婚姻中，男人老是对自己的女人说很忙，也是对自己女人的一种冷暴力，真正爱自己女人的男人即使忙得脚不沾地，也会有时间陪她。

亲爱的记住了，当一个男人对你说他很忙的时候，其实他是在默默地拒绝你。其实他没有那么喜欢你，其实他不过是在占用你的时间，其实他不过是想享受一个女人的等待，仅此而已。

真正爱你的男人，他不会给你太多的等待时间，他会想着时时刻刻和你在一起，他一定会想着你，他一定会顾及你的感受。

真正爱你的男人，不会因性而更爱你

在法国影片《云上的日子》中，给我们讲述了四个故事。这四个故事放到现今的生活依然非常具有代表性。第一个故事讲述的是一对一见钟情的男女，因为男孩的矜持错过了追求女孩的美好时光，两年以后男孩与女孩再相遇的时候，女孩已经不是当初单纯的女孩了，虽然欲望使他们跃跃欲试在一起，可最终，有完美主义情结的男生还是离开了女孩……

第二个故事讲述的是一个问题少女与路人甲之间的暧昧与激情，路人甲甚至怀疑自己的判断能力。当问题少女告诉他，她刺了自己的父亲十二刀的时候，他居然敢跟这女孩做爱。

第三个故事讲述的是一对夫妻。丈夫有了外遇，妻子在家里痛苦得想自杀。当妻子与情人要他在二者中选择一个的时候，丈夫对情妇说因为可怜妻子才和妻子一起做爱，丈夫对妻子说他已经和情妇断了。后来妻子离开了丈夫。

第四个故事讲的是奔跑中的男孩追逐着女孩，当男孩爱上女孩的时候，女孩告诉男孩她爱的只是上帝。

在纷繁的世界中，人人都生活在云上，一切都是不确定的，只是自己无法意识到，当我们真正意识到这些问题、思考这些问题的时候，我们是心有症结的。一个人一生中需要多少爱人、需要多少温存才能温暖自己不寂寞，有时就连我们自己都不清楚。

西方人的爱情观简单而直白，只要彼此不讨厌有好感就可以在一起。就好像那部美国影片《性爱之后》，这里面的性包含了同性与两性之间的问题，就像那个只喜欢一夜情不谈感情的女主角对男主角说的那样：爱情是最无法确定的游戏，与其如此不如享受性爱……而最终这两个享受性爱的人，因责任选择了在一起。

又如另一部美国大片《偷心》里所存在的男女关系，文艺男邂逅了一个女孩，他们好了多年，多年后文艺男爱上了离异的女摄影师，女孩在痛苦之余去夜店做了脱衣女郎，女摄影师在道德与责任的约束之下嫁给了男外科医生，后来男医生去夜店迷上了女孩的身体，且他们之间发生了一夜情。最后文艺男还是和女孩复合了，心有不甘的男外科医生居然告诉文艺男他和女孩好过。一对情侣解体，自始至终文艺男都不知道女孩的名字，而男外科医生却知道女孩的名字，我们可以向陌生人坦承自己的内心，却对自己所留恋的人心存保留。

人与人之间的情感越来越淡薄。“to be or not to be”永远是一种选择，关键是你想要什么样的生活，即使你渴望某种生活，但是在现实世界里你自身达不到那种生活的高度，你依旧会沦为被玩弄的对象。女人和男人之间的 sex 很简单，要想男人对 sex 的女人负责很难，这无关乎道德，只在于彼此对此能否达成共识。真正爱你的男人不会因性而爱，爱你身体的男人也不会因性而爱你。

是先性而爱还是先爱而性？这是男女争论已久的话题。男人都想先 sex 再说，而女人们会想他到底是爱我的身体还是爱我的人？人人都不看好的一夜情，依旧有人结成伴侣；有的男女同居十年依旧分道扬镳。不知是这个世界太混乱，还是我们不够诚信才造成了当今男女的互相猜测的局面。

先爱后性、先性后爱都没多大关系。关键是你心里的最终需求和目的是什么？你能否自我释怀？ sex 不代表什么，sex 也无法达到任何目的。没必要要求别人对你 sex 的行为负责，但是你必须得对自己 sex 的行为负责。

他是把你放心上还是床上？

人越成长荷尔蒙分泌越旺盛，对异性的需求就回归到动物的本能。更何况在这个物欲横流的社会，已经没有多少人会认真地谈恋爱，绝大多数人的目的明确。大家都喜欢直奔主题："Hand in hand-kiss-sex"。

"Hand in hand-kiss-sex"，对于男人来说自然是越快越好，对于女人来说似乎还有些难以跨越。伯恩斯说："几乎所有的痛苦都是由钻牛角尖引起的。"而女人最大的痛苦不是钻牛角尖，而是她搞不懂爱她的男人究竟是把她放在心上还是床上？其实女人大可不必这样，你不爱他跟他上床是你需要一夜情，你爱他跟他上床是因为你需要他。男人何尝不是一样？

当女人在骂男人是"黄鼠狼给鸡拜年没安好心"的时候，自己何尝不是狐狸？只不过你们采用的手段不同。有的女人用灵魂勾引男人，有的女人用性感勾引男人，有的女人用温柔勾引男人，手段各异！

女人勾引男人的目的是想要安全感，男人勾引女人则是想要更多的新鲜感。谁又比谁高尚多少？有的人从精神到肉体，有的人从肉体到精神。来来回回反反复复，到最后爱情成了欲望的遮羞布，更不用说他是把你放心上还是床上了。

性与爱：不能承受的生命之轻

在米兰·昆德拉的经典之作《不能承受的生命之轻》中，作者在与我们探讨关于生命里的轻与重、灵与肉、性与爱的同时，又给予我们无尽的思索空间。

柏拉图曾在《对话录》里这样提到："原来的人都是两性人，从上帝把人一劈为二，所有的这一半都在世界上漫游着寻找那另一半。爱情，就是我们渴求着失去了的那一半。"

我们每个人都在爱情的世界里寻找失去的另一半，在此过程中，我们迷茫过，失落过，悔恨过，颓废过，堕落过，似乎总有一只无形的手让我们感到诱惑难挡，却又无比窒息。

一如书中男主角那种在感性与理性中交织的心态："托马斯心想，跟一个女人做爱和跟一个女人睡觉是两种截然不同甚至几乎对立的感情，爱情并不是通过做爱的欲望体现的，而是通过和她共眠的欲望而体现出来的。"

这也是在某个时候他下决心娶特蕾莎做妻子的原因，因为在跟他睡过的所有女人中，只有特蕾莎睡在他旁边的时候，他才觉得踏实、觉得舒服，没有任何不适的感觉，甚至他有些窃喜，居然有这么一个女人如此让自己心身愉悦。他认为这就是爱。

遗憾的是，男人骨子里的贪欲与不满足，依然不能让他仅仅臣服于她的身体，纵然特蕾莎再温柔性感智慧美丽，他依旧喜欢尝试着不同的求欢。他自比为风流的唐璜，是堂吉诃德的化身，是灵与欲的掌舵者，他喜欢那种身体游离的感觉，喜欢飘在不同女人身上的味道。

他利用自己做外科大夫的职业便利四处“打猎”，不带任何表情的开始一轮又一轮的征服。他也曾试图说服特蕾莎：爱和做爱完全是两回事，是完全不相冲突的两种境界。

也许对于男人来说，性与爱可以风马牛不相及，就像托马斯；而在女人看来，性和爱怎能分家？没有爱的支撑，怎么去谈性？

一如特蕾莎在无法容忍托马斯无休止的说谎与遮盖自己的

丑闻的时候，几乎哀求着对托马斯说："下次你再去找那些女人，带着我去行吗？我帮你给她们脱衣服……"

这样的绝望与痛苦又有谁可以真正理解，一个女人对自己深爱的男人发自心底的无奈与无助。

也许爱是不需要任何理由的，男人因性而爱，女人因爱而性。即使没有爱，男人依然可以性；没有了爱，女人是不愿意性的。这仅仅是性别差异吗？

《不能承受的生命之轻》让我们叩问内心深处的东西，不仅仅是性与爱的问题，而是在一个大环境中人心与人性的情感归宿。走到最后，托马斯最终选择与特蕾莎过起了隐居的生活，与其说他们在躲避战乱，不如说他们在寻找爱情最终的落脚点。纵使爱与欲可以分割，在分割的背后，我们能否让彼此相爱的人少些遗憾，或者是少些伤害？

也许，只有到了唇摇齿落的暮年，摇椅上的两个人在夕阳点染的小屋里握着彼此颤抖的双手相视无语，性与爱的纷争才就此告终。

女人嫁得好并不等于一辈子都好

如果你问一个男人:“女人这辈子是干得好幸福，还是嫁得好幸福？”他们肯定会对你说:“女人当然是嫁得好幸福了，你看那些苦苦支撑的‘女强人’，她们有钱有房有车就是没男人。这女人要是没了男人，还像一个女人吗？”可是这女人要真有了一个男人，如果她自己不独立，指望着男人养一辈子，与其说她是女人，不如说她是女仆，因为她的人生为一个男人而存在，因为一个男人的恩赐她才得以光鲜。但是女人即使在年轻的时候嫁给了一个足以养她一辈子的人，难道就能保证一生幸福无忧？

对于普通女性来说，在年轻貌美的时候钓个金龟婿回家安心做太太，其实还是非常幸福的事情，但实际上这种幸福构建在男人的给予上，不足以保障她幸福一辈子。如果你夫君身体出现意外，如果你夫君事业不济，如果你夫君的生意失败，你

连养活自己的能力都没有，你们之间何来幸福可言？

对于女人嫁得好这件事，奥斯汀曾在她的《傲慢与偏见》中说道：“大凡所有女儿的妈妈都在十里八乡为自己的宝贝寻找着黄金单身汉，并且把这些单身汉当成自己的私有财产，目的是为了自己女儿后半生的幸福生活。”

正因为寻找黄金单身汉的妈妈多了，女人把嫁人当成自己第一职业或第二人生的想法就多了。君不见一些大学刚毕业的姑娘就忙着嫁给一个黄金单身汉做新娘了，君不见一个工作没几天的姑娘，就忙着为黄金单身汉生儿育女了，这些姑娘在还没明白自己究竟想要什么的时候就匆匆地嫁人了，就匆匆地为人妻为人母了。

多年以后，这些姑娘成熟了，突然想明白自己的理想与人生的时候，却发现自己离开家庭就没法生活了。也许你们会说这些姑娘很幸福，早早地就嫁给了能够养得起她们的男人，不用在社会中挣扎拼杀，可那些早早嫁人的姑娘自己什么都没有，她们当初嫁男人所有的筹码都是青春、美貌，当她们不再年轻的时候，是不是也怕要失宠了呢?

总而言之，女人嫁得好不等于一辈子都好。人这一辈子还是挺长的，而女人的青春是挺短的，青春不在了，就没啥好得瑟的了。不过如果一个女人青春不在的时候，有房子有事业有存款，那么她就可以做她想做的事，可以想去哪里就去哪里，则无须看男人的脸色过活。

人都是得靠自己的。世上的男女谁都不会是谁的一辈子。女人当自强说了很多年，真正能够安心做自己的女人却少之又少。如果女人自己都学不会认同自己，相信自己，保护好自己，还把自己的未来托付给男人，你们两人感情好的时候还好，感情不好的时候，估计走不到最后，任何人都帮不了你。

女人为男人堕胎男人就会对其负责吗?

一位二十三岁的女子为其男友前前后后堕了五次胎，吵闹着要这个男人对其负责，没想到她的男友非但不负责还抛弃了她，此女见男友如此绝情，便血泪斑斑地在网上发帖寻求支援，没想到众人没支援她不说还骂她个人脑袋进水，思想有问题，明知这男人不负责任还为其堕胎五次!

女人为男人堕胎一次我们可以叫年少无知，一个女人连续为男人堕胎五次我们只能够说“犯贱”了。一个自己都不爱自己的女人，又有多少男人敢爱你敢娶你?一个女人连续打三次以上胎，子宫壁被吸得越来越薄，以后想精子“着床”怀孕是很困难的。好端端的一个子宫就这么废了，这才是悲剧，即使你不乐意要小孩，也不至于去打五次胎吧!

女人应该把自己看得高贵一些，不要轻贱自己，未婚同居看似没什么，出了事你又是那个男人的什么人啊?别口口声声说你在这段感情中付出了很多，那是你自己心甘情愿的，刀子又没有架在你脖子上逼你做这件事。

当你想众人帮你讨伐负心汉的时候，你有没有想过这是你自己一手造成的？没人会同情你。即使这个男人可以给你婚姻，也无法给你幸福。让自己的女人多次承受打胎痛苦的男人是无法给女人幸福的。这种男人非常自私，他们心里想的跟行动上做是两回事，也许他们还觉得你行为不检点呢？这就是人性。与其把情感寄托在一个男人身上，倒不如好好爱惜自己。没有自我的女人注定是可悲的。即使一个人再爱一个人，也至少得为自己保留几分。

别指望男人会给女人多少安全感。好多时候女人的安全感是自己给自己的。女人连你自己都不爱惜自己的身体，何况男人呢？

做事业上的大女人，爱情里的小女人

这世界上的女人无非扮演着两种角色：大女人，小女人。通常大女人看不起小女人，她们觉得小女人过于柔弱，但有时又很羡慕小女人，虽然柔弱，却也安稳。而小女人呢？她们在欣赏大女人的同时，又有点鄙夷大女人的过分强硬，凡事亲力亲为，有时还吃力不讨好，在她们看来，完全没有必要将自己整得如此辛苦。

然而在这个纷繁复杂的尘世，不是所有女人都愿意做大女人，不是所有女人都甘心做小女人。只是天使般的女孩儿，在一次次尘世洗礼与轮回的时候，在伤害中不得不督促自己强大，不得不在大女人与小女人的角色中做取舍。其实最初所有的女人都是渴望被呵护被宠爱的，每个大女人心中都隐匿着一个娇嗔的小女生。只是，现实使她们不得不武装自己，不得不戴上盔甲。因为过往的经历让她们明白：在这个世界上最不可靠的就是别人施予你的好，与其相信别人的给予与馈赠，不如自己去努力争取。

无论如何，这世界上的女人不管是大女人化身的小女人，还是从小女人化身的大女人，终归是女人，她们所有的努力都不过是在追寻幸福。

聪明的女人，该是事业上的大女人，爱情里的小女人。

第五章

闲看落花，我自备觉雍容优雅

每个女人终其一生都在问：我是谁？我打哪来，又向哪去？我能够做什么，我需要依靠什么才能在这世界生存？我能否找到与自己相依为命的男子，我能否幸福一生？我能否真实勇敢地活下去？当我受到挫折、伤害承受失败的时候，我能否让自己平静下来整理思绪重新出发？我能否在这混沌的世界里，永远做着小公主的梦，过着公主般的生活，有着女王般的风采？我能否在人生中最黯淡的那些年，一如既往地宠爱自己？

理想之爱

美国作家德莱塞在谈到婚姻与两性关系时曾经说过这样一句话：一个朴实、耐心、平凡的女人，这种女人的生活多半是铺在牺牲的道路上的。到了当代这个多元化的社会，如果一个女人幻想着靠做个贤妻良母去扭转婚姻中的关系，幻想着用自己的隐忍与牺牲去获取幸福与尊重，似乎有点不切实际。

曾经有一位家庭主妇，血泪控诉自己丈夫背叛的文章字字句句让人揪心，末了她还打上了这样一句话：无论如何她是不会和丈夫离婚的，因为她已经与社会脱节很久了，她不知道离婚以后失去了丈夫的经济来源她可以做些什么。

可怜之人必有可恨之处，当女人们都开始为做贤妻良母而奋斗时，婚姻的潜在危机也就开始侵袭了，不是男人的责任心退步了，而是女人你要学会摆正自己的位置。

新时代的婚姻关系与旧时代不同，在新时代的婚姻关系中，男人不需要一个会裹脚的女人，会洗衣做饭的仆人，他需要的是一个有活力有主见的妻子，可以做自己坚强后盾的妻子，而不是一个除了会做家务对世界一无所知的女人。柴米油盐只是生活的一部分，婚姻里的精神交流与共识才是两人在一起的最好契合点。

英国作家劳伦斯曾说：作为一个女人，活在这个男人的世界里，要做到即使在男人面前风情万种温柔娇媚，转过身去的时候依然是独立自由的潇洒姿态。两种爱——交流的甜美之爱和疯狂骄傲的肉欲满足之爱，合二为一，这是最理想的。

所以对于女人来说，努力修炼自己才是上上策，唯有把自己修炼好了才能随心所欲地过自己想要的生活。也不要期待男人会爱我们久久，更不要奢望婚姻能够毫无波折的经营一生。我们得明白作为女人我们想要的幸福是什么，我们的生命是因我们的成长而绽放，而不是因为男人的爱情而延续的。

女人：成长成你想成为的自己

明溪还记得自己十五岁那年，洁白如雪、明眸善睐的她，穿着妈妈亲手为自己缝制的天蓝色长裙，在家中偌大的书房里，听妈妈讲她小时候的故事，听妈妈讲她成长的经历，听妈妈讲她与爸爸之间的爱情。那时的她还不懂爱情，可是乖巧的明溪记住了那条天蓝色长裙，以至于多年以后，明溪依然穿着妈妈给她缝制的那条天蓝色长裙。

时光飞逝，光阴荏苒，明溪早已从十五岁亭亭玉立的少女，成长成二十岁情窦初开的大姑娘。那年明溪刚刚读大三，有一个青梅竹马的男朋友，男朋友是明溪的邻居。明溪本以为她和她的邻居男友会一直这样牵手到老，未曾想到的是，男友在他和明溪即将毕业那年，为了抢占留京的指标和名额，选择了一个北京姑娘。

伤心欲绝的明溪，回到了故乡，在家中偌大的书房里向妈妈讲述着她的悲伤。妈妈告诉明溪：对于一个女孩子来说，成长就是一种寻求自我的过程。不管你是恋爱结婚生子，都不要放弃强化与重塑你的内心世界。一个女孩子也只有建立了自己强大的内心世界，才不会在社会上摔倒；一个女孩子只有在惊慌失措中振作起来，才能够让自己更加成熟。女孩子应该和男孩子一样去寻找自己眼中的世界。

伴着妈妈的教诲，明溪离开了故乡，回到北京。北京既是明溪的伤心地，也是她想让自己成长起来的地方。中文系毕业的明溪，很快在报社找到了一份做记者的工作，刚做记者的明溪，怕车，怕人，怕受伤害，怕很多事情，随着明溪接触的人的增多，明溪开始不断地安慰自己：其实那些被自己采访的人，也是怕车怕人怕受伤害，怕很多事情的。

五年过去了，明溪因为工作出色被提为报社的首席记者，同时明溪也迎来了属于自己的第二份爱情。对方是一位做投行的男孩子，成天飞来飞去，虽然给不了明溪多少在身边的时间，但能够给明溪一个温暖的家。明溪本以为她跟投行男孩子的爱情会水到渠成的，结果让明溪做梦也没想到的是，这个口口声声爱明溪的男孩，居然在飞行中偶遇一个漂亮的空姐，两个空中飞人的爱情，从此与陆上的明溪失之交臂。

转眼间明溪就二十七八岁了。这个年龄对于在北京打拼的女孩来说依旧是很年轻的，虽然在过去几年中明溪也陆续认识了一些男子，只是这些男子都不是明溪想要的。也许读中文的女孩子过于浪漫，总喜欢把爱情理想化、婚姻浪漫化。而事实上婚姻爱情都不是我们想的那样理想与浪漫，而更多的是彼此思想上的共鸣，更多的是彼此能否经得起似水年华的考验。

一晃又过了几年，明溪三十岁了，她有了自己的小房子，在家中的书橱里，明溪依然是那个曾经穿着天蓝色长裙在偌大书房里行走的明溪，唯一不同的是明溪不再刻意去寻求一些东西，刻意去期待或者祈求所谓的爱情与婚姻。

明溪现在更在意的是寻求自己内心的安宁。她开始努力去寻找自己生命里想要的东西。三十岁的明溪，开始用空闲的时间四处旅行，开始习惯并且迷恋上一个人的生活，甚至明溪觉得爱情婚姻这东西不是刻意求就求得来的，明溪觉得自己的爱情之所以有缘无分，不是因为自己不努力，而是因为那个人还没有到来。

女人成长的历程，始终是寻找自我的过程。女人在成长中会遭遇很多很多未知，也会遇到很多不顺。其实女人成长的每一步都是进步，每一个历程都值得珍藏。也许我们都不再是那个穿着天蓝色长裙听妈妈讲述人生故事的小女孩了，但是我们依旧是那个在书橱里，不断寻求自己的小女孩。

对于女人来说，成长就是成长成自己想成为的那个自己，这跟你恋爱单身结婚生子离异没有太多关联。

他还是不懂

林乔和王冰相恋多年，不知道为什么，她始终下不了嫁给王冰的决心。王冰对她虽好，但是舍不得为她花钱。而王冰总以未来买房需要节约为由安慰林乔。林乔嘴上不说什么，但心里很不是滋味，如果爱需要锱铢必较，那么何必要在一起？一次偶然的机会，林浩对林乔一见钟情，尽管林乔努力克制自己的情感，但在林浩的鲜花糖衣的攻势下终是爱上了他。而王冰从此一蹶不振，以为女人都是骗子，都太物质太现实，把多年感情不当回事。可是王冰有没有想过，林乔能够陪同他共患难，而为何最后却变了心？

其实男人永远不明白，不管一个女人她有多不可一世，她们找寻的不过是一个可以给她依靠，可以给她带来安全感的男人。这个男人并不一定要有多少钱，但至少要能够为女人花钱，一定要足够宠爱她。或许男人爱女人的方式很多，但一个男人舍不舍得为一个女人花钱，舍不舍得为女人无怨无悔地付出，是女人评定男人爱不爱她的标准之一。

而某些男人把女人花他的钱当成是女人拜金利用他们的表现，于是在与女人约会的时候他们会算计约会的得失成本，这样的男人不要也罢。一个男人为女人花钱的态度，在某个时候也表明他对女人在意的程度。毕竟一个女人衡量一个男人的好，是他取悦她的那份心。

女人四十如青花瓷，唯美而高贵

每次听已故歌星梅艳芳的《女人花》，总有一丝凄凉袭上心头：“女人如花，花似梦”。这位刚四十的女人，在最辉煌的时候香消玉殒。她在如花的岁月中，历练着自己，在如梦的年华中，绽放着自己，在如诗如画的年华中，追逐着自己。

女人一生往往追求极致的完美与幸福，然而事与愿违的是，不是每个女人都能够达到梅艳芳那种唯美境界，也没有多少女人能够达到作为一个“歌者”的女人所能够达到的高度。

诚然，瓷娃娃的脸庞，天使般的心灵，魔鬼般的身材，是女人征服男人的“法宝”。可是，每一个光洁的女子，都躲不过岁月增长的哀伤，躲不过红颜易老的哀愁，即使有再好的保养品青春也依旧是“南柯一梦”。梦里虽然没有不老的容颜，但梦里却有青花瓷般的小女儿柔情。就像女人的天性是孩子般的纯真与少女般的忧愁，不论这女人多少岁，她依旧拥有这样的心境，虽然很少有女人能达到“青花瓷”般的高度，那是千锤百炼的结晶。

做女人就得做最贵的青花瓷，即使这个女人长得就像个四处摆设的“花瓶”，但她也一定是最贵的那一个。然而这世界上如花的女子太多，如青花瓷的女子太少。青花瓷般的女子，是经过行云流水般的磨砺，经过唐宋元明清五代人的窑火复烧而来，这样的女人在年过四十时依然耀眼如初，即使岁月的痕迹在她光鲜的面庞中若隐若现，她依旧从容淡定。

一个女人年过四十以后，优雅与智慧成了她此生必修的功课。也许岁月会冲刷女人心中的一切美好，但四十岁的女人自己苦心经营起来的那份“闲看庭前花开花落的姿态”，却是年轻女子望尘莫及的。

四十岁的女子更像青花瓷，对镜着装时，总有一些淡淡的韵味在眉宇之间，这是成熟的味道，也是真女人的味道。女人生活是否幸福，事业是否成功，这些都不足以说明四十岁的女人已经慢慢老去了。

在她们“悠然见南山”的心境中，多了份平和之美，少了攀比之姿；多了仁爱与宽容，少了小女孩的桀骜不驯；多了谦卑与大度，少了小女孩的自私与蛮横，这样的女人才是真正的女人。

二十岁的女人只能够称为小女孩，懵懵懂懂，对人世间的事似懂非懂。三十岁的女人，是女人一生中最美丽的开始，就像窑里打磨的陶瓷，虽然精致但过于锋芒毕露；而四十岁，是女人一生中最美丽的年龄。

四十岁的女人，经历了二十岁小女孩的天真与疯狂，经历了三十岁女人的蝶变新生，她们更像青花瓷，唯美而高贵，无论走到哪里都带着青花般的悠然。

女子无才便是德吗？

“女子无才便是德”是明人陈继儒（眉公）之语：“女子通文识字，而能明大义者，固为贤德，然不可多得；其他便喜看曲本小说，挑动邪心，甚至舞文弄法，做出丑事，反不如不识字，守拙安分之为愈也。所以陈眉公云：‘女子无才便是德。’可谓至言。”

生活在男权社会里的中国男人，他们总会想方设法地捞些礼教或者老祖宗的古训来教导中国女性应该做些什么、不应该做些什么。他们惧怕女性强大，惧怕女性有一天超越他们，惧怕很多事情，其实他们只不过在他们的面子与自尊上打转转。中国人好面子的风俗，从男人要求女人的贞操开始，到男人要求女人三从四德结束，就算到了新世纪依然有无数中国男人沾沾自喜地想着娶女人的权力与女人们等着来娶的义务，随着中国女性与异族通婚的风气越来越严重，无数中国男人又开始批判中国女性的自私与难以满足。

然而实质上最难满足的是中国部分男性对中国女性思想的束缚与要求，包括他们对女性日益强大的恐惧。他们骨子里依然被“女子无才便是德”所左右，尽管他们也在高唱妇女可以支撑半边天，而实际上回到自家的一亩三分地里，他依然认为自己的女人平庸一些比思想多一些的好，思想多的女性男人们总觉得无法掌控，他们要求中国女性的永远是漂亮第一，听话第一，思想是漂亮的点缀，有思想是好事，想得太多就是坏事了。

英国电影《成为简》用传记方式描述了简•奥斯汀的一生：她的母亲竭力为她撮合婚事，对象是上层社会的有钱人，但是简不接受没有爱情的婚姻，认为女人要靠自己的能力去养活自身。于是，她拒绝了贵族瓦斯莱先生的求婚，爱上了心灵相通的汤姆•勒弗罗伊，但好事多磨，有人从中作梗，导致汤姆的家人并不赞成两人的婚事，汤姆决定携简私奔。但是这样一来，汤姆的经济来源就会被切断，简亦将面临世俗的压力和贫困的生活。到底两人在私奔的路上会走多远？会不会有美满的结局？

所以，成为简还是摈弃简的思想终究是个问题，女人码字多了自然难以驾驭，这是男人们的逻辑。世界上太多女子选择平庸是因为她们想依托着自己的平庸得到很多很多爱，然而世间平庸的女子并不是她们生来就平庸，只不过是她们被这个男权社会洗了脑，太多人选择响应社会对她们的呼唤；对于那些自甘平庸的女子，与其说她们平庸，不如说她们聪明。

可是，女人自己的人生呢？难道真的要因为惧怕孤单而降低期望值吗？难道把自己放在很低很低的位置就可以获得幸福吗？那些自甘平庸相夫教子的女性就活得真有那么幸福吗？

遗憾的是，一个女子如果缺少才气与灵气结局也不会完满，不是这个社会女子的嫁人成本增加了，而是这个世界的男人们明知道自己无法养活女性，还在那里死撑面子。他们娶回家的花瓶少了，有能力养活自己的多了，尽管他们嘴上说着女子无才便是德，但实际上呢，他们骨子里依然觉得有才的女子至少懂得承担。当然他们也惧怕女人在家庭里承担太多，让自己失去了一家之主的地位。

“经济基础决定上层建筑”这是放之四海而皆准的定律，无论结婚也好单身也罢，一个人不能独立谈什么都是奢侈，更别说什么女子无才便是德。

女人如果你放弃了寻求自己，不要说你命中注定不能拥有；如果你像花瓶一样被摆放在家里，不要说这是你无法更改的宿命；如果你离开了某个人或者某个环境就无法生存，不要说社会没有给你自立的机会；如果你拥有了和所有人一样的社会价值却依然遭受欺凌，不要说你害怕反抗会令你孤独无助。一味地放弃自己才是女人成为一个弱者的真正原因。试问女子无才真的是德吗？这德与才的关系又是怎么样的呢？

活得漂亮，才叫真漂亮

拥有一个漂亮的脸蛋是每个女孩子都希望的，可上帝有时是不公平的，会把一部分女孩子变成“仙女”，把另一部分女孩变成“丑小鸭”。

变成“仙女”的女孩，在生活和事业中给人感觉会有很多优势。变成“丑小鸭”的女孩，似乎总觉得自己缺少一些东西。可是上帝又是公平的。我们慢慢长大以后才发现：很多变成“仙女”的女孩，除了漂亮以外，给人的感觉就是缺少一些灵气与豁达。很多被称为“丑小鸭”的女孩，则通过自己不断地努力，拥有了专属自己的气质与洒脱，吸引着身边的每一个人。此时，“仙女们”便开始疑惑了，她们凭什么吸引了那么多人去喜欢她们?

其实，人在追求美时，也在追求内在的智慧。就像我们对古董花瓶与普通花瓶完全有两种不同的态度。古董花瓶是越古老越有价值。普通花瓶，虽然漂亮，但漂亮的普通花瓶太多了，让人觉得不值得给它提供一个空间。我们再看看曾经被人们称为“丑小鸭”的女孩：从小到大，她们也许不像美女那样受关注；读书时，也没有受到很多人的照顾；到了谈恋爱的年龄，也会被一些男生所遗忘。虽然她们也喜欢帅哥，不过那时的帅哥多找美女去了。

但生活是很公平的。读书时，正因为她们没有受到这样多的影响，她们才把所有的心思都放在读书上。到了工作单位以后，她们会因为学识与能力被肯定被重用。她们知道自己不符合大众的审美标准，所以个性都非常温和，对待同事都非常客气，也很会为别人着想。虽然没有太多男孩子追她们，但是她们的男朋友对她们都非常好。因为她们和男友在一起时，没有太多物质上的要求，也不会经常对男友无理取闹。她们通常非常体贴男友，因为她们知道生活对每个人都不容易。在她们眼里：生活原本就是平淡地过日子。

其实，外表的漂亮不是真漂亮。因为外表是最具有欺骗性的。也许你可以用你漂亮的外表在短时间内获取一些你想要得到的东西，但遗憾的是不会长久。

这个社会竞争异常残酷，每个人压力都很大。谁也没有过多的精力去为很多不相干的事情买单，更没有过多的时间去陪你玩。当你成天和别人讨论，哪件衣服好看，哪些首饰漂亮，哪个西餐厅有特色菜供应时，你获得的最多的是别人的沉默和疏远。

一个女孩外表不漂亮，没有关系，充分肯定自己即可。这个世界没有丑女人，只有懒女人。懂得如何关爱自己和保养自己的女孩是最受人喜欢的，因为她们给人的感觉看起来很舒服。每天对镜子里的自己微笑，大声地对镜子里的人说：我是最漂亮的。有时间的时候，多看一些时尚杂志，提高自己的品位和鉴赏力。

一个女子光长得漂亮是没有用的．关键是你要活得漂亮．

一个女子长得不漂亮，并没有太大关系，通过自己后天的努力，一样会活得精彩。不一定非要做大红大紫的明星，但一定要做个标准的知性与感性结合的智慧型女子。

男人不是女人一生最好的投资

小女孩在年幼的时候，经常跟着爸爸妈妈去参加各种不同的婚礼，有中式的有西式的，婚礼上的新郎和新娘，不管穿什么，都是一对璧人的模样。穿着礼服的新郎和穿着婚纱的新娘，就像童话里走出来的王子与公主，让小女孩在内心萌发了一个甜美的梦想：长大后我要穿上婚纱，和自己喜欢的人牵手进入婚姻的殿堂。

随着小女孩渐渐长大，和几种不同类型的“王子”接触以后，小女孩惊奇地发现：其实这世界上根本就没有什么王子可言，不能说穿上礼服的就是王子。

也许对一个女孩来说，长大穿上童话中的水晶鞋，穿上美丽的婚纱，嫁给一个自己各方面都满意的男人就是一辈子的幸福。可是婚姻中的两人如果彼此学不会妥协，学不会放下自己内心深处的傲慢与偏见，是很难在婚姻中获得幸福的。

每个女人在穿上婚纱的时候，都会觉得自己是可以跟身边的男人白头到老的。可是不是每段感情都能善始善终。婚姻可不是小女孩心中的一件美丽的婚纱那么简单，它需要两个人的经营。当小女孩长成大女人的时候，依旧把穿上婚纱找到王子当成一个梦想未免就显得傻里傻气，要知道这世界上的王子娶公主都是有附加条件的。

女人一生中最好最靠谱的投资对象依然是自己。不管到了哪个年纪，人生际遇到了哪个低谷，都不要迫于各种压力把自己清仓打折嫁出去。把自己看高贵点，别人不会低看你。

女性一生中最好的投资是自我修行，是在看清世态炎凉、人世浮华后依然美好如斯的领悟。懂得做自己的女人，命运不会太差。不要把男人当作生命中最重要最必需的投资，婚纱再漂亮，婚礼再豪华，也抵不过似水流年。

好的爱情与婚姻不会让人感觉太累

在金庸的小说《倚天屠龙记》中：张无忌对周芷若一见钟情，赵敏对张无忌一见钟情，周芷若对张无忌若即若离，即便喜欢也不够深刻。赵敏自从爱上张无忌以后那可是情真意切，不惜放下郡主身段一路相随，即使上刀山下火海、六亲不认也在所不惜，到头来赵敏与张无忌白头到老，拿张无忌的话说他是欠赵敏太多，因为还不清，所以双手送上终身幸福。

张无忌此生最大的遗憾是他无法跟周芷若白头到老，因为他想要的永远是他第一次见到的那个云淡风轻的姑娘，即使她是女魔头那又如何？而赵敏给张无忌的第一感觉就是刁钻野蛮，虽然可爱但缺乏温柔的本性，即使后来赵敏对张无忌情深深雨蒙蒙那又如何？即使赵敏赢得了张无忌的相守那又如何？张无忌之于赵敏更多的是感恩，之于周芷若才是爱情。

从背景上看：张无忌是民主选举的大公司董事局主席，周芷若是经过内部权力斗争上来的公司CEO，赵敏是有背景的官二代，就现在这社会，如果是你，你会选择谁呢？

从感情上看：周芷若是初恋，赵敏是归宿。我们都初恋过，我们知道初恋的感觉一定很长久，但像温室的花，美得没有抵抗力。

在这个快餐爱情与婚姻时代，无论是《非诚勿扰》，还是《我们约会吧》，或者《世纪佳缘》，都有太多的速配性质，都有太多的选择让我们无处下手，即使当初一时冲动选择对眼的，过了几天又有一个更对眼的来了，另一方就只能被淘汰了。

所以现代人在爱情和婚姻面前都喊累，但有时候累的不是心，累的是我们躁动不安的灵魂。不知从什么时候起，我们的心开始在ABCD中进行挑选，也不知从什么时候起我们的灵魂开始浮肿，关于爱情、婚姻和家庭，我们都有太多话要说。关于单身、同居和结婚，我们都有太多的困惑。在红尘中，我们每个人都有可能成为张无忌、赵敏与周芷若，我们每个人都有可能成为把爱情与婚姻分得很开的人。

唯独我们忘了一点：好的爱情和婚姻都不会让人觉得累，好的爱情和婚姻，是河水和鱼，是太阳和花，是春风和小草……你永远不会感觉到累，跟他在一起，即使临风沐雪，跋山涉水，只要依偎时会心的一个微笑，所有的不如意立马就全都是浮云，全都是浮云……

当你觉得爱一个人爱累了，或者你实在没想好要不要结婚的时候，坦诚地对对方说吧。这样虽然残忍，但至少你们日后少了些累。

图书在版编目（CIP）数据

宠爱/海菱著. -武汉：武汉大学出版社，2013.11（2019.9重印）

ISBN 978-7-307-11801-0

Ⅰ.宠… Ⅱ.海… Ⅲ.女性—情感—通俗读物

Ⅳ.B842.6-49

中国版本图书馆CIP数据核字(2013)第224226号

责任编辑：陈 凤 责任校对：郝 功 版式设计：高 婷

出版：武汉大学出版社 （430072 武昌 珞珈山）

发行：武汉大学出版社北京图书策划中心

印刷：天津兴湘印务有限公司

开本：880×1230 1/32 印张：8 字数：100千字

版次：2019年9月第1版第2次印刷

ISBN 978-7-307-11801-0 定价：46.00元
